乡村规划与设计

主　编　熊英伟　刘弘涛　杨　剑

东南大学出版社
·南京·

内 容 提 要

　　本书对乡村规划与建设过程中的诸多要素进行了全面分析和综合论述,在分析我国乡村及乡村规划的发展、乡村规划的影响要素的基础上,对乡村空间构成与土地利用规划、乡村基础设施规划、乡村交通与道路系统规划、乡村公共服务设施规划、乡村产业发展规划、乡村历史环境和传统风貌保护规划、乡村灾害与综合防灾减灾规划、乡村历史文化遗产保护规划与历史文化名村更新、村庄建设规划等方面做了全面、系统的介绍。同时,本书采用了全国部分规划设计院在乡村规划与设计方面的实际案例,在案例中精炼理论,使本书更具操作性和实用性。

　　本书可供城乡规划设计、园林景观专业相关院校、规划设计研究院(所)、管理部门、图书馆以及相关专业人士使用、参考。

图书在版编目(CIP)数据

乡村规划与设计 / 熊英伟,刘弘涛,杨剑主编. —
南京:东南大学出版社,2017.8 (2019.8重印)
　ISBN 978-7-5641-7230-5

　Ⅰ.①乡… Ⅱ.①熊… ②刘… ③杨… Ⅲ.①乡村规
划-中国-教材 Ⅳ.①TU982.29

　中国版本图书馆 CIP 数据核字(2017)第 143535 号

乡村规划与设计

出版发行:东南大学出版社
社　　址:南京市四牌楼 2 号　邮编:210096
出 版 人:江建中
责任编辑:朱震霞
网　　址:http://www.seupress.com
电子邮箱:press@seupress.com
经　　销:全国各地新华书店
印　　刷:南京新世纪联盟印务有限公司
开　　本:787mm×1092mm　1/16
印　　张:10
字　　数:260 千字
版　　次:2017 年 8 月第 1 版
印　　次:2019 年 8 月第 2 次印刷
书　　号:ISBN 978-7-5641-7230-5
定　　价:65.00 元

编写人员名单

主　　编：熊英伟　刘弘涛　杨　剑

参编人员：第 1 章　杨　剑、龙艳萍
　　　　　第 2 章　罗　尧、舒金妮
　　　　　第 3 章　朱　兵、张雪莲、冯　驰
　　　　　第 4 章　陈　亮、王琳琳
　　　　　第 5 章　宋晓霞、程　茜
　　　　　第 6 章　谢尔恩、王　柳
　　　　　第 7 章　姜　婷、周子华、刘姝然
　　　　　第 8 章　杨　剑、巫新洁、余春花
　　　　　第 9 章　熊英伟、易冬雪、吴　倩
　　　　　第 10 章　刘弘涛、欧阳纯烈、杜青峰
　　　　　第 11 章　刘弘涛、王彦彦
　　　　　第 12 章　熊英伟、丁晓杰、王劲松
　　　　　第 13 章　周　杰、李　雯

前　言

　　伴随着新型城镇化和"美丽乡村"建设的进程,城乡发展正努力实现产业经济转型升级。新时期的乡村发展机遇与挑战并存,对我国全面建成小康社会,实现经济社会全面进步意义重大。"留住乡愁""产村一体"的乡村发展理念的提出,对乡村规划提出了新的要求。乡村规划与设计涉及历史、经济、建筑、技术、艺术等多方面的内容,是一门发展中的学科。目前,乡村规划方面的工作正处于积极调整发展的阶段,我国社会主义乡村规划建设的经验与理论,还有待于进一步总结。

　　本书考虑到乡村与城镇的特殊关系,并结合规划建设实践的发展需要,在编纂中借鉴了近年来国内一系列乡村规划研究方面的成果,诸如《城市规划原理》《中国村庄规划的体系与模式》《土地利用规划学》《村镇规划》《防灾减灾措施研究》《村镇社区规划与设计》等教材、专著和论文,在这里特别表示感谢。

　　此外,还要感谢黑龙江省城市规划勘测设计研究院、广西华蓝设计(集团)有限公司、西南交通大学、成都市规划管理局、绵阳市城乡规划局、巴中市规划管理局、甘肃省城乡规划设计研究院、贵州省城乡规划设计研究院、四川省城乡规划设计研究院、重庆市规划设计研究院、柳州市城市规划设计研究院等的大力支持,为编写此书提供了许多优秀案例。

　　本书不仅列举了近年来国内乡村规划设计若干优秀实例,也涵盖了编者多年来从事乡村规划设计研究的实践经验。书中同时还借鉴和引用了同行们的规划研究成果,限于篇幅不再一一列出,在此表示衷心感谢。

　　由于编写人员水平有限,书中缺点、错误在所难免,望读者批评指正,以便今后进一步修改补充。

编　者

目　录

1 乡村发展与乡村规划历史沿革

1.1 我国乡村发展及规划概况

我国正逐步推进新型城镇化建设的进程,城乡发展正努力实现经济转型升级,"以工促农、以城带乡"的反哺力量正逐步深入广大农村区域。新时期的乡村发展机遇与挑战并存,对我国全面建成小康社会、实现经济社会进步意义重大。

1.1.1 乡村的基本概念与类型

1.1.1.1 乡村的基本概念

乡村是以自然、居住地为基础的文化经济共同体,具有自主发展性。它也是一个相对的概念,对于城市来说,乡村是指包括村庄和集镇等不同规模的居民点的一个社会区域的总称,是农业生产者居住、从事农业生产的地方,所以又被称为农村。随着城乡一体化的建设发展,它的内涵不断在衍生,乡村不仅只有农业生产,也逐渐出现其他产业。因此,乡村的概念没有绝对的定义。

在《村庄和集镇规划建设管理条例》中,村庄是指农村村民居住和从事各种生产的聚居点,相关概念有行政村、基层村、中心村、自然村等。一般来讲,乡村具有以下特点:人口规模相对较小,第一产业所占比重较高,人口聚集度不高,公共设施与组织职能相对较低。

1.1.1.2 乡村的类型

根据不同的行政管理与建设需要,为实现不同的目的,依据不同的地域特点,可以多层面、多视角地对乡村进行类型划分。

按行政范畴可分为:行政村、自然村。行政村是指行政建制上的村庄,主要侧重于管辖范围;自然村是指一定空间内聚集而成的自然村落,主要侧重于集聚空间。

按村庄体系可分为:中心村、基层村。中心村是指在区域空间上能服务于周围地区且有较大范围的工业生产、农业生产、家庭副业的乡村聚集点;基层村是指自然形成的农民聚居点,它具有小规模的公共服务设施、农民聚居点、农业生产点等。此外,值得注意的是,中心村和基层村都属于行政村。

按地域分布可分为:现代化农村地域类型、发达农村地域类型、以农业为主的中等发达农村地域类型、非农业发展较快的中等发达农村地域类型、欠发达农村地域类型、不发达农村地域类型。

1.1.2 我国乡村的发展演化特征

我国乡村历史悠久,早在远古时期,随着农业及畜牧业的发展,人类居住从流离到固定,形成了原始村落,例如陕西半坡遗址。随着生产力的发展及政治体制、经济体制的改革,我国乡村的规模、空间结构等不断发生变化。我国乡村的发展大致可分为以下几个阶段:

1.1.2.1 自然经济时期

该阶段是指从原始社会至清末之前,这个时期我国乡村生产力水平较为低下,社会分工程度较低,产业基本上是以传统农业和家庭手工业为主,农户大多保持着自给自足的状态,商品经济成分占总经济成分比例较低。在这种小农经济的条件下,自然村落成为乡村主要的居住形式,其中大多数是以血缘和亲缘关系为纽带联结成的家族群体所聚居的宗族村落。这种村落往往以宗族祠堂为中心进行空间布置,较为封闭,与外界联系较少。

1.1.2.2 商品经济发展时期

鸦片战争后,外国资本主义的入侵使我国长期存在的自然经济模式解体,第二产业、第三产业发展加快,同时以集镇为基础形成的基层市场的出现,为农产品和手工业产品的销售提供了场所,某些乡村居民点在商品经济发展过程中成为周围村落的中心,最后逐渐演化为城镇。这些基层市场为村民的广泛交流、各种团体与组织的形成提供了场所,使得乡村空间逐步扩张,开放性逐渐增强。

1.1.2.3 农业集体化时期

该阶段是指从20世纪中叶至改革开放前夕,这一时期农村经过了土地改革、农业合作化、人民公社等一系列社会运动,土地的所有制从封建私有制走向集体所有制。农村人民公社一般以生产队为核算基础[①],个人的劳动、生活由集体统一管理,传统的宗族血缘群体受到冲击而逐渐解体,乡村社会的融合性不断增强。此时的乡村社会空间表现为一种行政性的社区体系,结构上具有封闭性、等级性特征,社区间的联系更多体现为基于行政隶属关系的纵向联系,而横向联系较少。

1.1.2.4 商品经济、市场经济大发展时期

20世纪70年代末,农村逐渐以家庭联产承包责任制替代人民公社制度。90年代初,市场经济初步确立,解放了农村生产力,农民的生产经营自主权得以恢复,成为相对独立的商品生产者和市场经济主体。乡村居民也从几乎为全部农业劳动群体分化为农业劳动者、农民工、个体工商户、私营企业等不同的群体,部分农村居民变为城镇居民,农村居民的社会地位、经济收入、价值观念、生活方式逐渐发生变化,乡村进一步开放,乡村建筑由院落组合向独门独户转变。同时,乡村也由原先较为单一的农村社区模式逐渐演变为农村社区、小城镇社区并存的模式,并且城乡联系不断加强。

---

① 1960年11月3日,中共中央发出《关于农村人民公社当前政策问题的紧急指示信》,规定以生产大队为基本核算单位的"三级所有,队为基础"是人民公社的根本制度。

1.1.2.5 市场经济蓬勃发展时期

2008年,随着《中华人民共和国城乡规划法》的颁布,原来的城乡二元法律体系被打破,城乡规划步入一体化的新时代,乡村规划被列入规划体系,弥补了乡村规划在法律方面的缺失。随着市场经济的蓬勃发展,我国城乡二元结构逐渐明显,为了缩小城乡差距、改善乡村居民的生产生活条件,国家又提出了建设"社会主义新农村""美丽乡村""幸福美丽新村"等方针政策。这一系列的法规、政策使乡村由以前的自主发展转变到现在的按照相关规划有序发展的时代。

1.1.3 我国乡村发展中的问题

我国乡村虽然历史悠久,分布面积较大,但是发展也面临许多问题,例如人地关系不协调、基础设施滞后、文化底蕴缺乏、建房无秩序等。目前我国常住人口城镇化率为53.7%,而户籍人口城镇化率只有36%左右,不仅远低于发达国家80%的平均水平,也低于人均收入与我国相近的发展中国家60%的平均水平,这表明我国的乡村还有较大的发展空间。

1.1.3.1 文化特色遗失

目前我国政府农村文化建设投入力度进一步加大,使得为农民服务的公共文化资源总量有了很大的增加,农民自办文化也有了很大的发展。但是农村文化事业发展依然存在很多问题,如:农村地理区位的不同使得各地区的文化设施建设发展很不平衡;大量的村民进城务工和买房形成了众多的空心村;本村庄的民俗风情和建筑风貌逐渐消逝;城乡建设没有充分挖掘农村的特色文化导致"千村一面"的现象等。

1.1.3.2 土地的集约与综合利用率低

首先,"空心村"现象极为严重。大多数村庄建设往往旧宅不拆另选基地建新房,村中大量的旧宅基地闲置,没有及时退耕还田。同时,村庄建设一味地向外扩展而没有任何的规划与边界,村民们大拆大建,存在严重的土地浪费现象。

其次,村办企业分散、管理粗放。村办企业规模一般较大,管理较粗放,并且存在着重复建设的问题,同时又占用大量的土地和资源,对土地和资源的使用极不合理。

第三,村庄布局混乱,规模偏小。当前农村的居住形式大多为"居民点+责任田"的模式,村民就近劳作和种植以减少劳动力消耗。这就导致农民的住宅分布格局分散,土地的浪费现象严重,不能高效地集约利用土地。

1.1.3.3 农村劳动力转移现状不容乐观

我国作为一个农业大国,劳动力总量较大,特别是农村待转移劳动力数量众多、转移情况复杂。我国现阶段农村劳动力的转移现状是:一是劳动力转移和就业存在东、中、西部的空间差异,转移渠道单一;二是劳动力转移方式多以外出务工为主,务工行业多是劳动密集型行业中的体力型、无技术含量的工作,缺乏相应的职业技能培训,工作环境条件差,安全保障系数低;三是农村劳动力转移成本高。

1.1.3.4 公共服务与基础设施配套滞后

近年来,我国农村公共服务设施及基础设施建设取得了重大进展,全国兴建了一大批农田水利工程,农村"村村通"工程取得了一定成绩,全国文化站、中小学校、医疗卫生服务等公共服务机构也进一步增加,但是我国农村公共服务设施、基础设施还存在着不完善、地区差异较大等问题。我国中东部地区的公共服务设施及基础设施较为完善;西部地区由于资金、地理环境等原因,存在道路交通、电力电信等基础设施不完备,人民看病难、受教育难等问题。

1.2　国外乡村规划与建设启示

1.2.1　韩国新村运动

1.2.1.1　新村运动的背景

改革之初,韩国把主要精力放到建立重工业体系和推动工业品出口上,在重点扶持产业发展和扩大出口政策的作用下,韩国工业获得了快速发展,而农业却面临发展严重失衡的问题,大批农村年轻人涌入城市,农村原有的传统文化、伦理和秩序受到冲击。因此,韩国政府基于本国国情组织实施了新村建设与发展运动,下大力气解决农村问题。

1.2.1.2　新村运动的内容

新村运动的主旨就是在工业获得较大发展之后支援农村,把城市的物质文明特别是价值观念、生活方式推向农村,使农村紧紧跟上社会现代化步伐,具体措施如下:

(1) 改善农村生活环境。通过一系列开发项目和建设工程,增加农民的收入,改变乡村的面貌,例如修建道路、改善住房条件、乡村电气化等。

(2) 增加农民收入。政府推广水稻高产新品种,在选种、育苗、插秧、施肥、灌溉等过程中与农民共同协作,提高了农作物的产量。在市场销售上,政府为保护水稻新品种的价格,给予农户财政补贴。在政府的带动下,农民自发地改种经济作物,调整优化农业结构。

1.2.2　德国乡村规划及法规建设

1.2.2.1　建设背景

德国的规划核心是围绕土地利用问题,以法典化的形式建立一套详细的法律框架系统。基于这一空间发展的法规体系发起了专门的乡村更新运动并对其进行引导,开始自上而下引入专业技术人员,同时引入公众参与模式。

1.2.2.2　乡村规划与法规建设

德国的乡村规划是以法律法规为基础的,其核心是《建设法典》和《田地重划法》。

《建设法典》是对规划范围内建设用地和农业用地的各种建设活动进行约束,其主要目的是保障用于公共建设的建设用地,对建设用地上的各项建设指标做出规定。在对公众参与程序方面有严格规定,从决定制定规划、具体制定、介绍修改规划方案,到最后立法通过,每个阶段都要以公示或者召开会议等方式让公众参与。它对土地利用与城市建设活动的各项程序也作了详细规定。在土地利用与管理方面,对行政区域内的每一块土地进行基本用途的划分。此外,还对规划区、建成区、外围区做了有关规定,其中外围区只能以特许的方式进行,除农林业、基础设施外,其他建设项目不予批准。这样一来,有力地保障土地利用和建设活动在相应的框架之中,同时规划建设活动也能有序、持续地进行。

《田地重划法》是针对在农业用地上按规划要求,对产权关系进行必要调整,从而有计划地重组乡村地区的空间结构,包括道路建设、水的利用、景观维护、新建设施、改建房屋等方面。

1.2.3 第二次世界大战后日本乡村建设

1.2.3.1 建设背景

第二次世界大战后,因为农业经营规模受限,技术进步较缓慢,阻碍了日本的农业发展和农民收入的增长,城乡差距也日益加大。为此,政府首先颁布了一系列法律,从产业振兴的角度促进农业发展,增加农民收入。在20世纪90年代后期,日本的乡村问题虽然有所改善,但仍面临许多问题,例如农产品生产成本高、农户经营规模较小、农业劳动力老龄化、山区农村经济衰退等。于是,政府出台了一些配套法律,通过制订具体的实施计划来振兴乡村,加快乡村建设。

1.2.3.2 主要措施

政府制定的主要措施包括:由政府直接发放补贴,支持山区农民进行农业生产;加大对农村基础设施的投入,吸引年轻一代留在农村;制订地域性的产业振兴计划,发挥地方特色,通过自主性经营,实现经济振兴,为就业创造机会;设立农村建设专项基金,支持农村个性化、环保化的发展;鼓励农村地区发展非农产业,通过政策调整,吸引城市工商业向农村延伸,促进小城镇发展;建立城市、农村双向交流机制,通过创建绿色观光事业、体验农村生活等项目,增加城乡居民的双向交流。

1.2.4 对我国乡村建设的借鉴意义

从国外的一些案例中可以看出,乡村规划建设的实质是促进乡村有序发展、人民自发致富。因此,政府应多渠道筹集资金,加强城乡交流,引导城市企业、机关、学校与农村建立合作关系;加快乡村基础设施建设,调动农民参与的积极性;加强对乡村文化教育的投入和生态环境的保护,提高农民素质,培养乡村管理人才。

把农村优良传统与现代技术结合起来,实现乡村特色化。在制定乡村规划的同时,需要与城市规划区分开来,要发挥小城镇建设的优势,避免出现脏、乱、差现象,保持好乡村的田园风光。

建立完善的乡村规划建设制度。我国规划体系的重点一直放在城市(镇)规划上,且已经形成了以总体规划—详细规划为主干的较完整的规划体系,但是乡村规划还没有形成一套完备的体系。因此,建立有效的乡村规划体系,形成完整的从宏观到微观的规划编制体系和程序刻不容缓。

制定强有力的法律和政策。乡村的规划建设是一项复杂的工程,需要国家针对规划建设中的每个环节,制定相应制度保障。

最后,加大对农业、乡村发展的研究。在乡村规划中,需要以科学的理论去指导实践,只有理论、方法论研究高于社会实践,才能让农村现代化、科技化,让新农村建设健康、快速发展。

2 乡村规划的工作内容和编制程序

2.1 乡村规划的层次与内容

2.1.1 乡村规划的层次

2.1.1.1 市域、县域村镇体系规划

（1）市域、县域村镇体系规划的主要任务

市域、县域村镇体系规划的主要任务是落实省（自治区、直辖市）域城镇体系规划提出的要求，引导和调控市域、县域村镇的合理发展与空间布局，指导乡村总体规划和乡村建设规划的编制。

（2）市域、县域村镇体系规划编制要求

编制市域、县域村镇体系规划，应当突出城乡统筹发展战略，研究全域产业发展与布局，需要因地制宜，突出地方特色；应根据不同地区县域经济社会发展条件、新村建设现状及农村生产方式的差别，制定不同的原则和内容；提出县域空间管制原则和措施，统筹布置县域基础设施和社会公共服务设施；市域、县域村镇体系规划成果的表达应当清晰、准确、规范，成果文件、图件与附件中说明、专题研究、分析图纸等表达应有区分。

（3）市域、县域村镇体系规划的主要内容

关于市域、县域村镇体系规划的主要内容可参照建设部《县域村镇体系规划编制暂行办法》（2006）及各省住房和城乡建设厅颁布的村镇体系规划相关条例、编制办法。

市域、县域村镇体系规划的主要内容如下：

一是需要确定市域、县域城乡统筹发展战略。

二是需要综合评价市域、县域农村的发展条件，摸清现状农村建设发展取得的成就、特征与主要问题，确定市域、县域产业发展与布局，明确产业结构、发展方向和重点（图 2-1-1）。

三是市域、县域村镇体系规划应明确村镇层次等级（包括县城—中心镇——一般镇—中心村），选定重点发展的中心镇，从科学管理和健康发展的角度分析市域、县域乡镇需要进行调整与合并的地方，同时一些发展条件较好和发展较快的乡可以适时撤乡设镇，推动城镇化进程（图 2-1-2）。

四是明确规划区内主要水源地、自然生态保护区、风景名胜区核心区等生态敏感区分布范围，划定禁止建设区、限制建设区和适宜建设区，提出各分区空间资源有效利用的限制和引导措施。

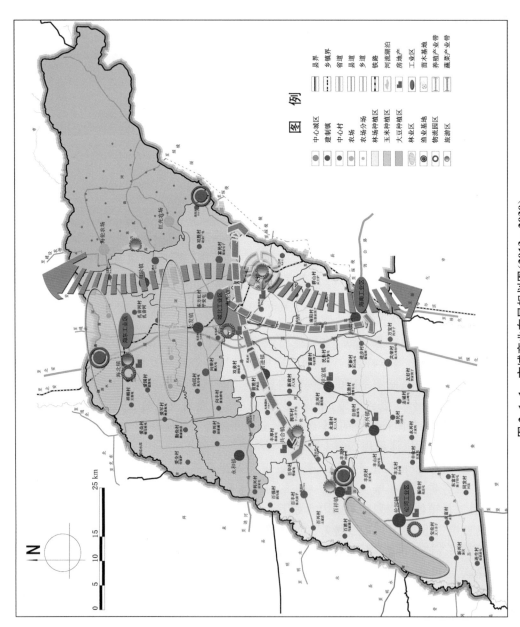

图 2-1-1 市域产业布局规划图（2013—2030）

来源：谢尔恩．海伦市市域市镇村镇体系规划．黑龙江省城市规划勘测设计研究院，2013．

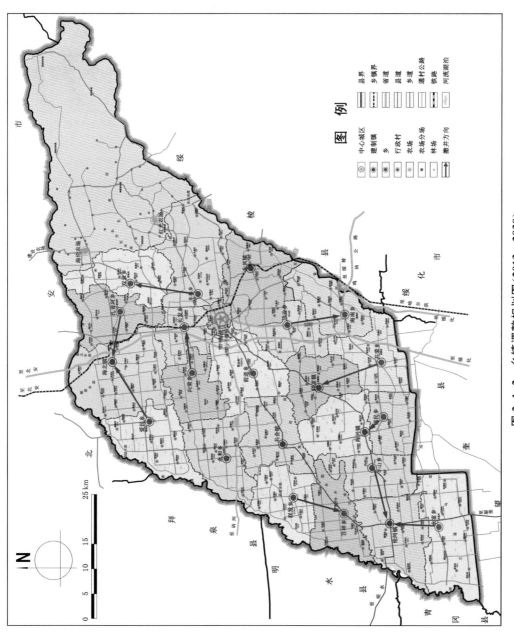

图 2-1-2 乡镇调整规划图（2013—2030）

来源：谢尔恩. 海伦市市域村镇体系规划. 黑龙江省城市规划勘测设计研究院，2013.

五是统筹配置区域基础设施和社会公共服务设施,制定专项规划,明确农村各类市政工程设施的位置、规模、容量及工程管线的规格、走向和等级,明确教育设施、医疗卫生设施、文化体育设施、社会福利与保障设施、行政管理与社区服务设施的位置。专项规划应当包括:交通、给水、排水、电力、电信、教科文卫、历史文化资源保护、环境保护、防灾减灾等规划(图2-1-3)。

六是市域、县域风貌控制要注重保持鲜明的民族特色、独特的地域特征和文化传统,整体风貌要协调统一,局部风格应富于变化,以此提出新村建设的风貌设计和户型设计指引。

七是制定近期发展规划,确定分阶段实施规划的目标及重点,并提出实施规划的措施和有关建议。

2.1.1.2　乡镇域村镇体系规划

乡镇域村镇体系规划是指乡镇行政区域范围内在经济、社会和空间发展上具有有机联系的聚居点群体网络,是乡镇域村镇自身历史演变、经济基础和区域发展需求共同作用的结果,是由城镇、集镇、中心村、基层村等组成的网状结构,它们层次之间职能明确、联系密切、协调发展(表2-1-1)。

表 2-1-1　村镇层次组成

范围	层次组成	备注
乡域	基层村、中心村、集镇	一般没有中心镇
镇域	基层村、中心村、建制镇	
	基层村、中心村、中心镇	建制镇为跨行政区中心镇
	基层村、中心村、建制镇、中心镇	建制镇为跨行政区中心镇,并有非乡建制集镇
跨镇行政区域	基层村、中心村、一般镇、中心镇	两个镇(乡)以上行政区域,五个层次一般齐全
县域	基层村、中心村、一般镇、中心镇	县域内五个村镇层次齐全

来源:编者自绘。

乡镇域村镇体系规划应从区域角度入手,立足于区域城镇化发展的目标,明确乡镇区域内的产业与乡村人口容量及其空间分布,提出区域内村庄发展的策略,并根据区域内的村庄发展策略确定各类公共服务设施和市政基础设施的配置及其空间布局,完善不同等级聚落组成的空间体系的地理分布形态和组合形式,确定合理的乡镇域空间布局网络。

2.1.1.3　村庄建设规划

村庄建设规划是在村镇体系规划的指导下,具体安排村庄各项建设的规划。主要内容是根据本地区经济社会发展水平,对村庄住宅、公共服务设施、基础设施、环境卫生以及生产配套设施等做出具体安排。

村庄建设规划应与城镇发展相协调,应遵循因地制宜的原则,同时也要结合当地自然地理、经济发展条件,切合实际部署村庄各项建设。村庄建设规划应遵循保护基本农田、耕地,实现土地集约利用的原则,还应该突出地方特色,提高农民对规划的参与度。村庄建设规划需正确处理近期建设与长远发展的关系,村庄建设的规模应与当地的经济发展、人口增减相适应。

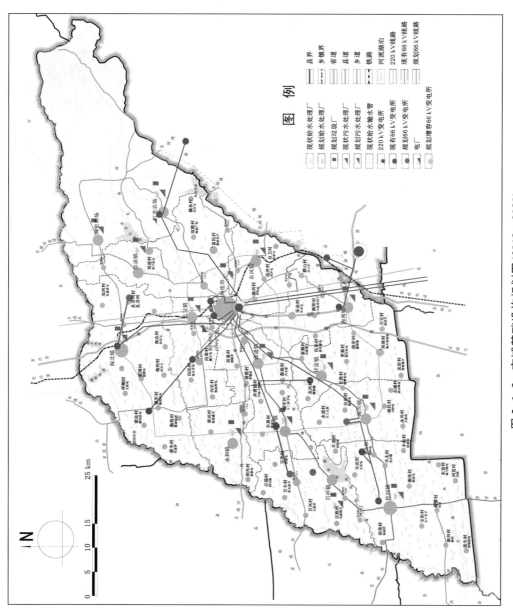

图 2-1-3　市域基础设施规划图（2013—2030）

来源：谢尔恩．海伦市市域村镇体系规划．黑龙江省城市规划勘测设计研究院，2013.

2.1.1.4 村庄整治规划

村庄整治规划以改善村庄人居环境为主要目的，以保障村民基本生活条件、治理村庄环境、优化村庄风貌为主要任务。

村庄整治规划的要求（以平武县磨刀河流域为例）（图2-1-4、图2-1-5、图2-1-6）：

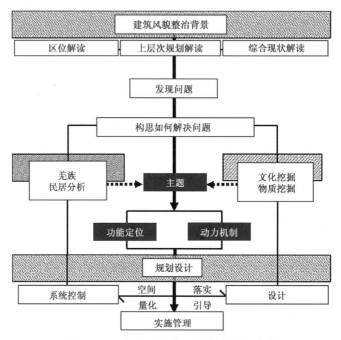

图 2-1-4 平武县建筑风貌整治技术路线

来源：平武县磨刀河流域新村建筑风貌改造方案.陕西市政建筑设计院有限公司绵阳分公司,2013.

（1）山墙

立面改造，整体抹纸筋石灰浆，面刷白色灰浆山墙面粉刷，穿斗结构构件，采用深棕色调和漆。

底层线脚部位贴小青砖或当地花岗石，形成粗糙质感的墙面特色。

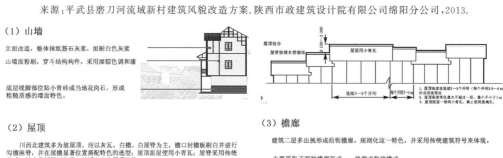

（2）屋顶

川西北建筑多为坡屋瓦，应以灰瓦、白檐、白屋脊为主，檐口封檐板刷白并进行勾檐描边，并在屋檐显著位置搭配特色的选型；屋顶面层使用小青瓦；屋脊采用传统形式，抹白色纸筋灰浆。并适当丰富屋顶装饰。

材料 砖+瓦+涂料+木材+烧杉板
颜色
暖灰 深灰橙色

山墙为砖墙的，在山墙面上应暴露出穿斗结构，采用调和漆粉刷构件形式。

木质结构建筑在山墙面上暴露穿斗结构构件，也是新建建筑式样。

现状建筑较少有歇山屋顶出现，在新建筑中适量采用可丰富屋顶轮廓线。

（3）檐廊

建筑二层多出挑形成沿街檐廊。规则化这一特色，并采用传统建筑符号来体现。

主要采取了两种檐廊形式——挑廊式和挑檐式：

挑廊式是在建筑二层出挑的基础上增加木结构出挑阳台，并在底层沿街部分增加柱廊，形成底层的檐廊，同时也增加了建筑的半敞开空间，丰富建筑立面。

挑檐式则是在建筑底层沿街增设小青瓦出檐，底层沿街部分增设柱廊，形成底层的檐廊。

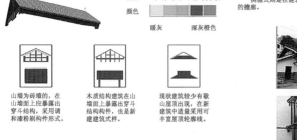

图 2-1-5 平武磨刀河流域建筑特色分析

来源：平武县磨刀河流域新村建筑风貌改造方案.陕西市政建筑设计院有限公司绵阳分公司,2013.

图 2-1-6 平武县磨刀河流域新村建筑风貌整治改造

来源:平武县磨刀河流域新村建筑风貌改造方案.陕西市政建筑设计院有限公司绵阳分公司,2013.

（1）尊重现有格局。在村庄现有布局和格局基础上,改善村民生活条件和环境,保持乡村特色,保护和传承传统文化,方便村民生产,慎砍树、不填塘、少拆房,避免大拆大建和贪大求洋。

（2）注重深入调查。采取实地踏勘、入户调查、召开座谈会等多种方式,全面收集基础资料,准确了解村庄实际情况和村民需求。

（3）坚持问题导向。明确村民改善生活条件的迫切需求和村庄建设管理中的突出问题,针对问题开展规划编制,提出有针对性的整治措施。

（4）保障村民参与。尊重村民意愿,发挥村民主体作用,在规划调研、编制等各个环节充分征询村民意见,通过简明易懂的方式公示规划成果,引导村民积极参与规划编制全过程,避免大包大揽的现象。

2.1.2 乡村规划的内容

2.1.2.1 乡村现状及发展条件

应结合资料收集和现场踏勘及访谈,多方面调查和研究乡村的现状基础条件及发展趋势,为后续的乡村规划提供依据。

2.1.2.2 乡村产业发展目标及策略

综合基地现状基础条件和上位规划对其的定位,根据宏观政策环境和政府有关要求,明确乡村未来发展目标。按照"产村一体"的相关要求,立足于土地资源的集约利用,探索适宜村庄发展的生产模式,提出乡村产业经济发展及其布局策略、村庄居民点的布点及建设发展模式、村庄宅基地的建设标准等内容。

2.1.2.3 乡村重要资源保护与利用

明确基本农田、饮用水源、森林资源等的保护范围线,确定保护及合理利用的原则及具体要求。

2.1.2.4 乡村重要设施布局

应在统筹研究乡村及其周边情况的基础上,遵循方便使用和节约土地的原则,充分考虑散居、新型社区或几何聚集的分布特点,重点规划村庄建设发展所需要的基础设施、公共服务设施等重要设施的布局,优先考虑共享配置,避免浪费和重复建设。

2.1.2.5 乡村环境保护及整治

明确乡村水源及地表水、地下水的保护要求及措施;明确村庄污水及其排放的处理要求,提出垃圾处理的规划要求并布局必要的固废垃圾和粪便处理设施;制定村庄环境保护及整治的具体措施。

2.1.2.6 乡村特色保护与村容村貌塑造

着重挖掘不同地域、不同文化背景下村庄的自然环境、历史文化、民俗风情的特点,以当地建筑风貌为基调,结合当地景观,提炼出当地村庄的空间特色、景观特色、文化特色。

2.1.2.7 乡村主要集中居民点选址评价及规划区范围确定

对于选定的发展型村庄居民点,在进行建设用地适宜性评价的前提下,统筹考虑地质灾害隐患,经济发展,水源、耕地及其他资源的保护和利用要求以及各项实施的建设成本等因素,并在此基础上根据建设规划控制需要,合理确定村庄规划区的范围。

2.1.2.8 村庄建设布局

在选定编制村庄建设规划的居民点规划区内,根据村庄建设发展目标和各项控制要求,统筹布局村庄内住宅、各项公共设施和公用工程设施,应提供道路和场地的主要竖向规划控制标高,确定主要规划经济技术指标,宜在功能布局规划的基础上提供建设规划总平面示意图。

2.1.2.9 村庄建设发展时序与实施措施

根据地方镇(乡)总体规划及国民经济与社会发展规划,对于村庄建设发展提出时序要求,制定确保规划实施的措施要求。对于近期重点建设的项目,可以编制规划方案图(图2-1-7)(以平武县平通镇桅杆村规划为例)。

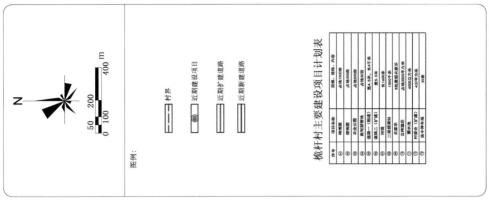

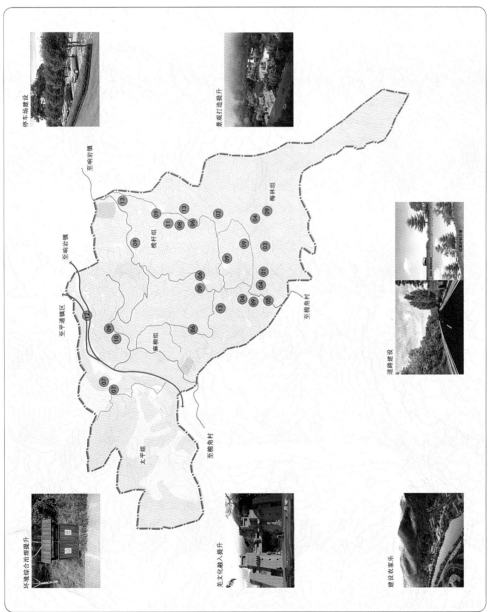

图 2-1-7 平武县平通镇槐杆村规划图

来源：邱婵，周子华. 平武县平通镇槐杆村规划. 四川众合设计有限公司，2015.

2.2　乡村规划的编制程序

乡村规划没有城市规划中复杂的交通组织和功能布局,但乡村规划中的基础设施完善、环境整治和公共空间重塑是非常重要的组成部分。与城市规划相比,乡村规划需要解决的应是老百姓直接关心的问题。乡村规划的方法主要是"调查＋指引＋互动＋改进＋互动"的规划过程,其更加强调与村民的互动和听取他们的反馈,是以"自下而上"为主的发展指引的协商过程。

乡村规划的编制主要分为三个步骤:第一,收集资料;第二,编制规划方案;第三,规划方案的审批与实施。

2.2.1　乡村规划资料收集

(1) 相关法规、规划的梳理

进行乡村规划需要收集相关法律法规及基地相关规划作为参考。这些相关规划包括县域和镇域村镇体系规划、县域总体规划、镇(乡)总体规划、镇(乡)新村体系规划等。

以绵阳市平武县坝子乡八洞村村庄规划为例,其参考的相关法规及规划有:

①《中华人民共和国城乡规划法》(2008)

②《国务院办公厅关于改善农村人居环境的指导意见》(国办发〔2014〕25 号)

③《村庄整治规划编制办法》(建村〔2013〕188 号)

④《美丽乡村建设指南》(GB/T 32000—2015)

⑤《镇规划标准》(GB 50188—2007)

⑥《四川省城乡规划条例》(2012)

⑦《四川省"幸福美丽新村"规划编制办法和技术导则》(2014)

⑧《绵阳新村规划导则》(2012)

⑨《平武县县域新村建设总体规划》(2012—2020)

⑩《平武县城市总体规划》(2014—2030)

⑪《平武县坝子乡总体规划》(2015—2030)

(2) 乡村的空间区位

乡村在区域的地理区位,乡村在区域的经济区位、交通区位、产业区位等。

(3) 乡村自然地理条件

乡村的地形地貌、气候土壤、农作物种类、林木种类及面积等。

(4) 乡村的人口构成

① 规划乡村的人口总量,包括户籍人口数量、常住人口数量。

② 规划乡村的人口流动情况,包括全年外出人口数量以及外来人口数量。

③ 规划乡村人口的年龄构成、性别比例、受教育情况、就业情况等。

(5) 乡村经济产业发展

① 乡村历年的生产总值及人均国民生产总值;乡村产业的产业结构——第一、第二、第三产业的发展情况等。

② 村域的主要种植作物、种植面积、耕作方式、机械化情况,各种农作物的一年产出值。

③ 村域是否有养殖户,养殖的面积,年收入状况等。

(6)乡村的土地使用

需尽可能收集上位规划中关于规划乡村的土地利用情况,如镇(乡)总体规划、镇(乡)土地利用总体规划,包括图纸及文字。需要明确村域基本农田、林地、宅基地、水域、果园的范围,明确各村的地域边界。

(7)乡村道路交通

乡村的对外交通情况,包括公路、水路及铁路;明确乡村各级道路的宽度、硬化情况、道路长度,是否达到村村通的目标;是否有航运、码头情况;明确乡村道路设施是否达到规划要求。

(8)乡村历史文化

乡村历史文化包括乡村的历史沿革、村庄并迁的历史、村庄的文化特色、民间工艺传承、建筑特色等。了解是否是历史文化名村、国家或省级的传统保护村落,以此来保护其乡村历史文化。

(9)乡村的基础设施

① 了解乡村是否通自来水、水质状况;污水的排放方式和处理状况;电力电信的覆盖状况及来源;是否通燃气及网络。

② 村域卫生室、幼儿园、养老服务设施、活动广场的建设情况。

(10)乡村的建设风貌

乡村的建设格局和特点;乡村建筑的选材及有没有特殊的建设工艺;本地是否有一些特殊的色彩倾向或禁忌。

基础资料的表现形式可以多种多样,图表与文字说明都是可以采用的形式。有些资料用表格的形式可以更清晰,但由于各种情况差异较大,很难用统一的表格反映出来。

2.2.2 乡村规划的编制

乡村规划的方案编制一般包括图纸的绘制和说明书的编写。乡村规划应根据相关法律法规、技术规范与条例,以及上位规划对其的要求进行编制。编制乡村规划要求因地制宜、实事求是,充分调动群众参与的积极性,满足当地经济社会发展、生态环境良好、人民群众安居乐业、可持续发展的需要。乡村规划编制亦可参考《美丽乡村建设指南》《四川省"幸福美丽新村"规划编制办法和技术导则》提出的相关理论。

2.2.3 乡村规划的审批与实施

根据《中华人民共和国城乡规划法》规定,乡、镇人民政府组织编制乡规划、村庄规划,应报上一级人民政府审批。村庄规划在报送审批前,应当经村民会议或者村民代表会议讨论同意。

乡村规划完成后,必须由上级主管部门审查批准,作为法律性文件强制执行。一些新的建设政策,要先在有条件的村镇搞试点,取得经验再推广。规划的实施还需将规划引导与政府组织相结合,同时做好规划的宣传工作。

3 乡村规划的影响要素及其方法

3.1 生态与环境

3.1.1 人与环境

环境是指周围的条件,从环境保护来说,环境就是人类的家园——地球。环境是人类赖以生存的场所,人类的发展依赖于环境。人类改造自然的活动对于人类生存是必不可少的,对于自然界的环境平衡则是一个承重的负担,人类对环境的破坏也是不可忽视的。随着社会生产力的发展及人口的不断增长,农村的环境破坏也越来越严重。

农村生态环境的破坏一方面是因为农村森林和农田的不断减少以及各种资源的破坏;另一方面是由于农村居民环保意识的淡薄及基础设施的缺乏。比如,农药和化肥的使用、生活污水的随意排放、秸秆的燃烧等行为给农村环境造成了很大的负担(图 3-1-1)。

图 3-1-1　农村秸秆焚烧、固体垃圾及农药喷洒
来源:百度图片。

乡村规划必须考虑人对环境的影响,并且在规划中要尽量减小这种影响。同时,对乡村环境容量进行评估,乡村的建设发展及活动不能超过环境容量,以此来提高乡村坏境质量。

3.1.2 农业生态系统

生态系统是指由生物群落与无机环境构成的统一整体,农业生态系统是指由一定农业地域内相互作用的生物因素和非生物因素构成的功能整体,也是人类在改造和适应自然环境的基础上建立起来的特殊的人工生态系统。农业生态系统具备任何生态系统都具有的三大基本功能特征:能量流动、物质循环和信息传递。

3.1.2.1 农业生态系统

美国生态学家坦斯利(A. G. Tansley)提出,农业生态系统是在一定时间和地区内,人类从事农业生产,利用生物与非生物环境之间以及与生物种群之间的关系,在人工调节和控制下建立起来的各种形式和不同发展水平的农业生产体系。农业生态系统与自然生态系统相比较,具有社会性、高产性、波动性的特点。

人类通过利用农业资源及其他资源,如化肥、农药、机械作业、选育良种等辅助技术,在提高农业系统生产力方面取得了巨大的成就;但是在人类发展过程中,人类对农业生态系统的稳定性和持续性未能给予充分的重视,造成农业生态系统平衡的破坏。从当前农业生态环境状况来看,土地退化、土壤荒漠化及盐碱化、水土流失、农业水污染、农田土壤污染、农药和化肥污染时有发生,所以农业环境保护已经迫在眉睫。

3.1.2.2 生态农业

1981年,生态农业由英国农学家沃什顿(M. K. Worthington)在《生态农业及其有关技术》一书中提出,他认为生态农业是生态上低输入、自我维持,经济上可行的小型农业系统,旨在对环境不致造成明显改变的情况下具有最大的生产力。其基本要求包括作物营养和能量的自我维持、物种的多样性、净生产量高、能效率高、经营规模小、经济上有生命力等。

生态农业吸收了传统农业的精华,借鉴现代农业的生产经营方式,以可持续发展为基本思想,实现农业经济系统、农村社会系统、自然生态系统的同步优化,促进生态保护和农业资源的可持续利用。生态农业是一种将第一产业与二、三产业相结合的,实现经济、生态、社会三大效益的一种生产方式。

3.2 经济与产业

3.2.1 经济增长与乡村发展

乡村的发展与经济增长是相辅相成的,乡村的发展离不开经济的增长。乡村作为第一产业的主要发生地及第二产业原材料的主要来源地,其经济增长主要来源于第一产业和原材料的输出,但随着时代的发展,乡村旅游等第三产业的发展成为乡村经济增长的又一重要助力。

3.2.1.1 乡村发展离不开经济增长

乡村经济增长可以从多个方面来衡量。首先,经济增长可由地区生产总值及人均收入水平的增长来衡量;其次,经济增长也表现在乡村总就业人数的增长和福利水平的提高;最后,经济增长还反映为乡村基础设施、公共服务设施、居民生活水平的提高上。

3.2.1.2 乡村新的经济增长点

目前,发展相对滞后的乡村,等援助靠帮扶应该算是一种办法。但时不我待,主动破解当前发展瓶颈才是乡村经济增长的主要路径。那么,怎样主动破解呢?首先需要做的就是走合作之路,放大自己的特色,立足于自身的优势,打响自己的品牌。乡村的优势一般有资源优势和生态优势两种,利用这些优势,发展区别于传统种植业的新型产业,打造形成乡村新的经济增长点。

(1)原生态种养殖、特色加工业、电子商务

我国乡村土地辽阔,资源特别丰富,各个地区的乡村资源各有特色。随着城市化的发展,农村土地大量抛荒。因此,盘活这些土地,发展规模化种养殖,在农村发展电子商务,建立自己的网站与销售渠道,实现产品的生产—加工—销售一条龙,带动乡村经济发展,可实现农民增收。

(2)乡村旅游

随着国内旅游业的蓬勃兴起,以乡村生活、乡村民俗和田园风光为特色的乡村旅游迅速发展。一些地方的乡村旅游正成为当地的特色产业和新的经济增长点,乡村旅游在带动农民脱贫致富,促进产业结构调整的同时,又有力地促进了农村基础设施建设和村容村貌改善,带动了乡村生产生活条件的改善和提高,加快了农村社会事业的发展(图3-2-1)。乡村旅游的发展对促进社会主义新农村建设和美丽乡村建设具有重要意义。

(3)土地整理

土地整理:从狭义上可以理解为土地的整治与治理;从广义上讲包括土地资源的优化配置、开源和节流等,但最重要的是转变土地利用的粗放观念和方式,走集约利用的路子,提高土地利用率和产出率。

通过土地整理一方面可以加速实现耕地总量的动态平衡,促进农村产业化发展;另一方面可以优化配置土地资源,发挥土地的最大经济效益。土地整理是促进农村经济发展、合理控制用地规模、盘活存量土地的必要途径。

3.2.2 经济发展与产业结构转型

3.2.2.1 我国乡村产业结构的发展现状

新中国成立以来,伴随着我国国民经济的发展,乡村产业结构的变化大致可分为以下三个历史时期:1949—1978年为缓慢变动时期;1979—2000年为开始形成和逐步完善时期;2001年以来是对乡村产业结构进行全面调整时期。

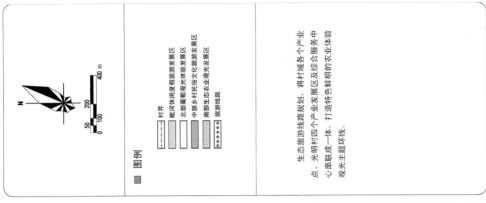

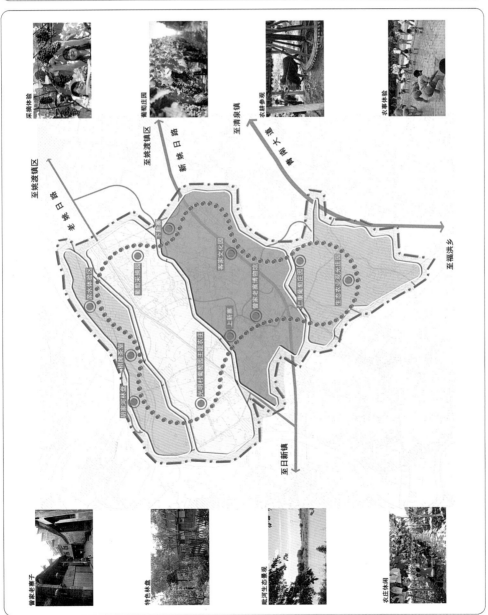

图 3-2-1 生态旅游规划图

来源:邱婵,冯秋霜.青白江区姚渡镇光明村规划.四川省大卫设计有限公司,2015.

我国乡村产业结构在第一时期的基本特点是种植结构单一,第二、第三产业在乡村经济中所占的比重很低,只作为农业的必要补充而存在;第二时期形成了农、林、牧、副、渔并举,以乡村工业为龙头,全面发展乡村的产业结构新格局;第三时期是由于我国乡村产业结构面临新挑战而进行全面调整的时期,自我国加入世贸组织以来,乡村产业结构作出了相应调整,从产值状况来看,第一产业的比重在降低,第二、三产业的比重在上升。

综上所述,我国乡村产业结构自改革开放以来,已经发生巨大变化:一是乡村产业结构已经摆脱改革以前以第一产业,特别是以种植业为主的单一产业结构形态,进入第一、二、三产业共同发展的新历史发展阶段;二是随着乡村各类产业共同发展局面的形成,尤其是乡村非农产业的快速发展,乡村产业结构必然呈现出结构合理、分工明确、经济高效的发展方向。

3.2.2.2 乡村产业结构转型与优化

（1）优化乡村产业结构

持续稳定地发展乡村第一产业、适当地发展第二产业、积极地发展第三产业,进而对农村第一、二、三产业结构进行调整,促使其优化升级,实现产业结构的合理化。总体要求是以解决二元结构矛盾为目标,大力发展农村非农产业,由此带动农村工业化、城市化水平的提高,最终实现农业现代化。

（2）优化乡村农业区域结构

积极调整农业的区域结构,加强农业区域之间的分工与协作,充分发挥区域比较优势,实行区域化、规模化开发,同时注意避免区域农业产业结构雷同,着力形成有区域特色的农业产业带和关联产业群。

（3）调整农业产业布局结构

发展小城镇是调整农村产业布局结构的关键环节。通过发展小城镇,可以促使乡镇企业从分散逐步集中,彻底改变"乡乡点火、村村冒烟"的分散状况,实现连片发展。同时,小城镇建设将促进乡镇企业"第二次创业",加快城市化进程,在城乡之间形成统一的产业链条,为我国经济发展提供更大的空间。

（4）优化农业产品结构

农村产品结构的矛盾是目前我国农村工业结构及城镇工业结构的突出矛盾。优化农业产品结构的一般措施:一是通过技术改造,提高传统产品的质量与性能,同时通过规模经营和品牌竞争,继续占领和扩大市场;二是大力进行新产品开发,不断开发适销对路的名特优新产品;三是加大科技投入,引进与培养企业所需的各类人才。农村工业的产品结构调整,必须坚持市场多元化战略,要大力开发农村市场和国际市场,通过开发档次不同的系列产品,满足国内外市场不同层次的要求。

（5）发展现代农村服务业,完善乡村社会化服务体系

必须改造传统农村服务业:一是建设好为农服务的流通网络和流通设施,建设为农服务的流通信息网络;二是完善经济信息市场的服务体系;三是创造条件建设信息高速公路;四是建立多层次的专业市场。大力发展现代新兴服务业,如农村信息、金融、会计、法律咨询、旅游服务等行业,带动服务业整体水平提高。另外,在大力发展农村现代信息、咨询、法律服务业的同时,还要重点发展农村现代金融和旅游业。

3.3 人口与社会

3.3.1 乡村人口与社会要素的定义

3.3.1.1 乡村人口

（1）乡村人口定义

乡村人口是指居住在农村或农村聚落的总人口，以农民为主，亦包括教师、医生、商业人员等为他们服务的农村其他人员。

（2）乡村人口与城市人口的区别

① 人口生育率较高，婴儿死亡率较高；

② 年龄构成中，老人、儿童比重较大；

③ 分布零散，职业构成简单；

④ 文化教育水平较低，文盲率高。

3.3.1.2 乡村人口与社会要素对乡村规划的影响

人口和社会要素对乡村规划的各种需求的测定非常重要：人口规模决定了居住用地、公共服务设施用地等其他用地类型的面积大小，居住、公共服务设施的用地的需求又是计算交通和其他基础设施用地需求的基础。因此，人口和社会要素的预测在很大程度上决定了乡村基础设施用地、乡村产业用地的需求；人口规模所带来的乡村要素的变化决定了乡村环境压力的大小。

（1）人口要素对乡村规划的影响

人口有三个维度的要素与乡村规划息息相关：人口规模、人口结构及人口的空间分布。

对乡村人口的预测一般指的是对人口规模的预测，人口规模的预测是估算未来居住、公共服务、产业空间及乡村设施空间需求的重要参考指标。

人口结构与乡村规划同样具有相关性，这里的结构指的是整体规模中特定族群的比重。人口结构可分为年龄结构、性别比例、家庭类型、文化教育水平、社会经济水平及健康状况等。年龄结构隐含了服务的需求，例如儿童对学校的需求，老人对健康设施和特殊住宅的需求等。人口结构预测的意义在于使土地利用规划可以反映乡村人口中诸多不同群体的需求。

人口的空间分布是第三个重要维度。人口的空间分布是评价公共服务设施的配置、基础设施配置及其他设施可达性的必要依据。此外，它还可以反映乡村存在的千篇一律、过于集中等问题。

（2）社会要素对乡村规划的影响

城乡规划作为一种公共政策，其根本目的在于实现社会公共利益的最大化。因此，社会要素对于城乡规划最本质的影响，在于城乡发展中多方利益的互动和协调，以此保障社会公平，推动社会整体生活品质的提高。

3.3.2 乡村人口与社会发展规律

3.3.2.1 人口统计与预测

人口统计是一种从"量"的方面去研究人口现象的方法或学问。通过人口统计,可以揭示人口过程的规律性和人口现象的本质。在中国,人口统计可以为控制人口数量、提高人口素质服务,使人口发展同经济和社会的发展相适应。

（1）人口统计

静态指标:又称时点指标,反映某一时点的状况,是从一个连续不断变化的过程中取一个横断面的、静止的瞬间资料,如某年某月某日某时的人口数、人口的年龄、性别、民族等。常用的人口静态指标有性别与人口金字塔。

动态指标:这一类指标是反映一定期间内,人口的自然变动或社会变动状况,如某年的出生、死亡、迁移等,它反映的是某一期间内某事件连续发生的总的情况,而不是一个时点的情况,故称为人口动态指标或期间指标。

（2）人口预测

乡村人口的变化包括两个方面:自然增长与机械增长,两者之和便是乡村人口的增长值。

$$自然增长率 = \frac{本年出生人口数 - 本年死亡人口数}{年平均人数} \times 100\%$$

$$机械增长率 = \frac{本年迁入人口数 - 本年迁出人口数}{年平均人数} \times 100\%$$

① 综合增长率法

综合增长率法是乡村人口预测最常用的方法,它是以预测基准年上溯多年的历史平均增长率为基础,预测规划目标年乡村人口的方法。根据人口综合年均增长率预测人口规模,按下列公式进行计算:

$$P_t = P_0(1+r)^n$$

式中:P_t——预测目标年末人口规模;

P_0——预测基准年人口规模;

r——人口综合年均增长率;

n——预测年限$(t_n - t_0)$。

人口综合年均增长率 r 应根据多年乡村人口规模数据决定,缺乏多年人口规模数据的乡村可将综合年均增长率分解成自然增长率和机械增长率,分别根据历史数据加以确认。影响人口增长或减少的因素有很多,比如乡村的经济发展状况、人口的迁入迁出、出生率及死亡率、资源环境等,乡村产业的发展状况也是影响乡村人口发展的一个重要因素,人口综合年均增长率的确定就要考虑以上各方面因素。综合增长率法主要适用于人口增长率相对稳定的乡村,对于发展受外部影响较大的乡村则不适用。

例:某村2015年现状人口为826人

Ⅰ.自然增长预测

根据该村的人口增长的实际情况,确定自然增长率为年平均-0.9‰。因发展旅游业,会有一部分相关服务人员与流动人口增加,按照相应程序计算人口增加。采用自然增长率分析法对人口加以计算,在定性修正的基础上加上机械增长人口以此推算人口规模,即预测 2020 年该村常住人口为 822 人。

Ⅱ. 机械增长预测

2015 年总人口 868 人,现状常住人口 826 人,劳动力转移增加率为 0.08,劳动力人口向外转移为 66 人,机械迁出人口 42 人,得出 2015 年剩余劳动力人口总数为 108 人。

2020 年,预测常住人口 822 人,劳动力人口向外转移为 96 人,劳动力转移增加率为 0.12,因发展旅游业会有部分流动人口增加,则机械迁出人口会下降。根据趋势外推法对数据进行分析得出 2020 年机械迁出人口为 25 人,则 2020 年剩余劳动力人口总数为 121 人。

公式:

$$就业增长率 = 就业增长弹性系数 \times GDP 的增长率 \qquad (1)[1]$$

$$就业增长弹性系数 = 就业增长率 / GDP 的增长率 \qquad (2)$$

$$预测期就业人口规模 = 基期在业人口规模 \times (1 + GDP 增长率 \times 就业弹性系数)^{预测年数 n}$$

$$(3)$$

其中 2015 年劳动力转移增加率 0.08,根据趋势外推法预测 2020 年劳动力人口向外转移为 96 人,可以测算出 2020 年农村剩余劳动力人口的总数 121 人。

现状该村就业人口占村域常住人口比重为 28.6%,村域常住人口中就业人口为 248人,总人数 868 人,将就业增长弹性系数及 GDP 的增长率代入公式,可计算得 2020 年村域就业岗位需求量 260 人。

Ⅲ. 人口总量

人口总量 = 自然变动所产生数量 + 村域劳动力需求变化量 - 剩余人口转移 = 822 +(260-248)-96 = 738 人。

② 时间序列法

时间序列法是对一个乡村的历史人口数据的发展变化进行趋势分析,直接预测规划期乡村人口规模的方法。它通过建立乡村人口与年份之间的相关关系预测未来人口规模,这种相关关系一般包括线性和非线性的,在乡村规划人口预测时,多以年份作为时间单位,一般采用线性相关模型。按下列公式计算:

$$P_t = a + bY_t$$

式中:P_t——预测目标年末乡村人口规模;

Y_t——预测目标年份;

a、b——参数。

通过一组年份与乡村人口的历史数据,拟合上述回归模型,如回归模型通过统计检验,则视为有效模型可以进行预测;否则,应视为不相关或相关不密切,不能用该方法进行预测。

[1] 李晓嘉,刘鹏.我国经济增长与就业增长关系的实证研究[J].山西财经大学学报,2005,27(5):30-33.

③ 剩余劳动力转移法

随着农业生产率的提高以及土地边际效益递减的规律,农村剩余劳动力将大幅度转移到能为之提供就业岗位的区域,这即为工业化推动城市化的过程。剩余劳动力转移也是影响乡村人口机械变动的一个重要因素。

以 2008 年作为农业劳动力充分利用的固定期,则根据历史数据估算农业剩余劳动力的公式可定义为:

$$SL_t = L_t - S_t/M_t$$
$$M_t = N \times (1 + \beta) \times (t - 2\,008)$$

式中,SL_t 表示第 t 年乡村剩余劳动力,L_t 表示第 t 年农业实际劳动力,S_t 表示第 t 年实有耕地面积,M_t 表示第 t 年人均耕地面积,N 为当年人均耕地面积的平均值,β 为经营耕地变动率(用以描述农业生产技术进步对农业生产率的影响)。通过上面的计算模型可以计算出农业剩余劳动力总数,再加上农村劳动力资源中非从业人员数,就可以测算出乡村剩余劳动力资源的总数。

$$人口劳动力转移数量 = 乡村剩余劳动力 \times 剩余劳动力转化率$$

3.4 历史与文化

3.4.1 乡村历史与文化

历史文化是农村发展的底蕴所在,乡村文明是中华民族文明史的一个重要组成部分,村庄是这种文明的载体,耕读文明是村庄软实力。2015 年,全国农村精神文明建设工作经验交流会指出:农村是我国乡村文明的发源地,乡土文化不能断,农村不能成为荒芜的农村、留守的农村、记忆中的故园。同时大会强调搞新农村建设要注重坚持传统文化,发展有历史记忆、地域特色、民族特点的美丽乡村。

3.4.1.1 乡村历史文化的概念

乡村文化是指在乡村社会中,以农民为主体,以乡村社会的知识结构、价值观念、乡风民俗、社会心理、行为方式为主要内容,以农民的群众性文化娱乐活动为主要形式的文化。

3.4.1.2 中国传统乡村文化的生成及其特征

地理环境决定了中国传统文化的封闭性,地理环境是人类赖以生存和获取生产、生活资料的基础,对地理环境的依赖性决定了处于其中的民族特殊的生产方式和生活方式,同时也会积淀出独特的文化形态。落后的社会经济生产方式和单一的农耕经济决定了中国传统乡村文化的家族性和浓厚的土地情结,不同的生产方式和经济结构对一个国家、地区和民族文化的形成和发展具有决定性的作用。复合的二元农业社会塑造了中国传统文化的乡村性,在传统中国,复合的二元社会形成了两个层次的文化系统:一个是上层贵族、士绅、知识分子所代表的文化,称之为大传统;另一个是一般社会大众,特别是乡民或俗民所代表的生活文化,称之为小传统。建立在经济生产方式和经济结构的基础上,由它们所决定的政治结构对民族文化也有着重要作用,以小农为基础的自然经济,形成了我国古代中央集权的君主专制制度和带有某种血缘温情的宗法制度相结合的"家国同构"的社会政治结构。

3.4.2 历史与文化对乡村规划的影响

3.4.2.1 传统文化对乡村规划的影响

受自然地理环境及气候的影响,我国村落多选址于水源充足、地势平坦、适宜农作物生长的地带。此外,君主专制制度、封建宗族制度、宗教文化也对传统村落的格局产生了重要作用,风水、神人关系对建筑的朝向、布局产生了重要影响。

3.4.2.2 近现代文化对乡村规划的影响

随着社会的进步,道路交通四通八达,乡村也从封闭走向开放,城市文化入侵乡村,乡民的生产生活方式发生了巨大的变化,人们对生产生活环境的品质也提出了新的要求。因此,在进行乡村规划时,基础设施与公共服务设施的设置不仅要满足人们日常生产生活的便利需求,还要满足人们的精神文化需求。

3.5 技术与信息

3.5.1 乡村规划常用的技术方法

技术进步对学科的发展可以产生巨大的推动作用,在过去的几十年中,新技术在规划中的应用已经取得了很大的进步。新技术的进步对规划领域的促进主要表现在三个方面:计量分析和数学模型的应用、规划成果的表现、规划管理手法的提高。随着计算机技术的提升,利用数学模型及计算机、GIS 模型进行大数据分析,使乡村规划更加切合实际,更加利于实施。

3.5.2 乡村规划新技术与新方法

随着"智慧城市""海绵城市"在理论上的逐步完善与在城市的实践,这些新的技术方法逐渐被运用于乡村地区的建设。部分地区在"智慧城市"上的尝试推进了"智慧乡村"的发展,为乡村地区的社会服务管理的智能化、村民新的智能生活提供了技术支撑与理论支持,"海绵城市"为改善乡村生态环境提供了新的思路。

3.5.2.1 智慧乡村

(1)"智慧乡村"的背景

2009 年 IBM 率先提出"智慧地球"的口号,倡导通过互联网与物联网的深度结合,让人类智慧地管理自己的生活与生产。随着全球物联网、无线宽带网络、互联网、云计算的迅猛发展,"智慧城市"的概念被提出,我国深圳、成都、无锡对"智慧城市"作出了一系列尝试。在这种情况下,"智慧乡村"的建设得到逐步推进,以提高农村地区资源利用率和生产力水平,实现乡村科技化、信息化、智能化的生产生活方式来应对城乡"二元结构"状态,进而缩小城乡差别。

（2）"智慧乡村"的概念

"智慧乡村"是指依托"智慧城市"所拥有的物联网、云计算、人工智能、数据挖掘、知识管理等技术，构建一个农村发展的智慧环境，形成基于海量信息和智能过滤处理的新的生活、产业发展、社会管理等模式，提高农村的规划、建设、管理、服务的智能化水平，面向未来构建全新的乡村形态。

（3）"智慧乡村"的目标

① 经济要健康、合理、可持续

"智慧乡村"的产业结构和经济体系必须是智慧的，强调绿色、生态和高效，依靠科技进步使经济活动遵循农业生态系统的内在规律，促使人与自然的和谐、稳定、可持续发展。"智慧乡村"的经济还应是循环经济，以高效利用资源为核心的，具有可持续性的经济模式。

② 生活要安全、舒适、便捷

与"智慧城市"一样，"智慧乡村"也是一个充满活力、富有朝气、面向未来的居住地。"智慧乡村"要创造一个以人为本的环境，其核心是运用创新科技手段服务广大农村居民，满足大家的生产生活需要。

③ 管理要科技、智能化

"智慧乡村"的管理包括政府管理和居民自我管理两个方面，管理要面向服务转变，以高效的管理促进农村地区经济社会的发展。

（4）"智慧乡村"国内外发展现状

① 国内"智慧乡村"的发展

目前国内农业信息化浪潮正蓬勃兴起，由此带来的不仅仅是令人目不暇接的新技术和新产品，更为重要的是，它正在改变着人们的生产和生活，尤其是便利的网络信息和及时的资讯传达为农村摆脱贫穷落后的帽子带来了新的希望。信息化日益成为目前对我国农业和农村影响最为深远的社会变革之一，例如随着物流业的发展，农村电子商业从无到有，取得了巨大的进步，农村的农产品可以通过网上销售以实现农民的增收。

例：浙江省安吉县"智慧乡村"建设

Ⅰ. 智慧乡村建设目标

紧紧围绕"城乡统筹发展"和建设"三个安吉"为中心工作。依托县广电数字网络资源优势，加快推进智慧基础设施体系、智慧乡村管理体系、智慧公共服务体系、智慧经济运行分析体系和公安应急管理体系的建设，加大信息共享和业务协同，运用现代物联网新技术，配置中央数据处理中心和终端运用设备，实现乡村科技化、信息化、智能化的生产生活方式（图3-5-1）。

图3-5-1 智慧乡村实现的功能
来源：编者自绘。

Ⅱ. 安吉县"智慧乡村"建设

从2009年开始，安吉县先后投入近2亿元，完成双向化改造，铺设光纤8 km，安装光电转换传输设备2万多台，每10户用户配置一套光终端设备，确保用户电视接入带宽1 000兆，上网点播带宽100兆，成为县域内带宽最宽、最安全、覆盖最广的传输网络。

建设"信息云台"，快捷共享使用各类信息；建立"智能联防"，使治安联防更有效，联动应急及时高效;建立"平安视频",创造安全居住环境;建立"智能呼叫",实现应急一键联防;建立"电视支付",提供金融惠民服务;建立"智能家居",实现远程控制,家居生活自动化,提高家居生活品位;创立"智慧课堂",增强城乡教学互动;建立"智能医疗",实现远程监护就医;建立"智慧农业",实现对加湿器、遮阳网、风机等进行控制。

② 国外"智慧乡村"的发展

从全球范围看,农业和农村信息技术的发展大致经过三个阶段:第一个阶段是 20 世纪 50—60 年代的广播、电话通讯信息化;第二个阶段是 20 世纪 70—80 年代的计算机数据处理、知识处理和农业数据库开发;第三个阶段是 20 世纪 90 年代以来网络和多媒体技术应用和农业生产自动化控制等的新发展。目前,在农业和农村信息技术应用方面处于世界领先地位的国家有美国、日本、法国、德国等,韩国、印度、印度尼西亚等国家在推进农村信息化建设方面也有许多可供借鉴的经验。

例:德国乡村信息化发展

德国农业信息化基础设施完善,注重信息系统建设。"数字农业"基本理念与"工业 4.0"①并无二致,即通过大数据和云技术的应用,将一块田地的天气状况、土壤、降水、温度、地理位置等数据上传到云端,在云平台上进行处理,然后将处理好的数据发送到智能化的大型农业机械上,指挥它们进行精细作业。德国在开发农业技术上投入大量资金,并由大型企业牵头研发"数字农业"技术。据德国机械和设备制造联合会的统计,2015 年德国在农业技术方面的投入为 54 亿欧元。在 2016 年的汉诺威消费电子、信息及通信博览会上,德国软件供应商 SAP 公司推出了"数字农业"解决方案。该方案能在电脑上实时显示多种生产信息,如某块土地上种植何种作物、作物接受光照强度如何、土壤中水分和肥料分布情况,农民可据此优化生产,实现增产增收。

(5)规划思路与方法

虽然"智慧乡村"尚未达成一个统一的标准,但是有三个最基本的方面与"智慧城市"相对应,即"智慧化的基础设施""智慧化的民众应用"以及"智慧化的产业应用",以此来提高农村地区的综合竞争力,创造更美好的生活。由此可以设想"智慧乡村"的重点建设领域应该包括智慧的基础设施、智慧政府以及智慧的公共服务等。从规划角度上,"智慧乡村"的建立也应该从这几方面来考虑:

① 智慧化的基础设施规划与建设

Ⅰ.道路交通

道路交通是乡村的血脉,是乡村与乡村、乡村与城市交流的桥梁。便捷的交通运输组成的物流网,为农村发展电子商务提供了契机;只有具有便捷的交通,才能将产品运往外地。

Ⅱ.电力电信

电力电信是实现"智慧乡村"的根本保证,海量的数据将通过无线或有线的网络进行传输,人们通过网络进行办公、交流。乡村网络的发展改变了人们的生产生活方式,使我们的生活智能化。

---

① 以信息物理融合系统 CPS 为基础,以生产高度数字化、网络化、机器自组织为标志的第四次工业革命。

② 智慧化的公共服务设施

智慧的公共服务设施涵盖了智慧医疗系统、智慧教育系统、智慧家居系统、智慧生态系统和智慧安防系统等。

Ⅰ．智慧医疗系统

随着时代的发展,农村年轻人大量向城市涌入,农村空巢老人及留守儿童数量庞大,而由于我国农村地域广阔,农村医疗设施缺乏,导致了农村人看病难的问题;而"智能医疗"就能实现电视挂号、远程身体监护、远程医疗诊断,可使农民实现迅速就医(图 3-5-2)。

Ⅱ．智慧教育系统

通过"同一教学内容,不同教师授课"的学习功能,将"一个教师上,多个学生听"的传统教学模式,变为"多个教师上,一个学生听"的新型教学模式,有利于依靠社会力量办学。

Ⅲ．智慧家居系统

随着技术的进步,可实现对家用电器、家居装饰、家庭安全的远程控制,实现家居生活的自动化、提升家居生活的品位(图 3-5-3)。

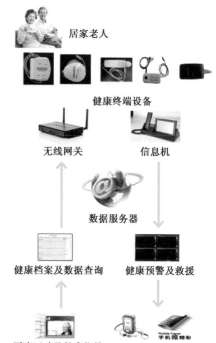

图 3-5-2 智慧医疗系统
来源:编者自绘。

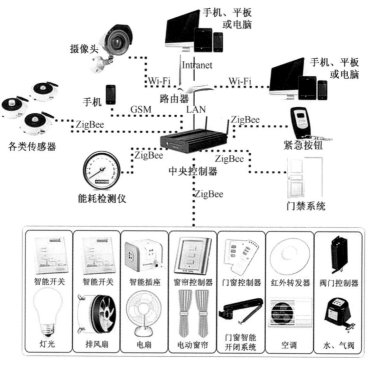

图 3-5-3 智慧家居系统
来源:百度文库。

③ 智慧农业

通过监控系统,可实现对农田中农作物的生长态势、果园中果树的生长状况进行实时的监控;通过温光监测系统,对生产场地的二氧化碳浓度、空气和土壤湿度进行监测,一旦二氧化碳浓度异常或湿度温度异常,报警系统将发出警报;通过控制系统实现对加湿器、遮阳网、风机等进行控制。

④ 智慧旅游

可建立智慧旅游乡村。智慧旅游乡村是指拥有民俗旅游信息化网站,具备丰富的展现方式,提供旅游服务、农产品在线预订,能够向游客提供宽带上网服务、旅游信息智能推送服务(自助导览、自助导游)、旅游智能化安全监控服务的市级民俗旅游村。

智慧旅游乡村要求建立村级网站,包含村级景观、餐饮、农产品、休闲娱乐信息等,村级网站内容应支持在电脑、智能手机等显示屏上显示,网站应及时更新,可支持在线支付及手机支付;还需建立民俗旅游接待户,这类接待户必须要求具有独立网站、电子票、电子身份认证、客户服务电话、刷卡服务及在线支付便捷服务等;要实现无线网络在客房、渔场、观光果园等地的覆盖;此外,还需建立视频安全监控、农产品食品安全监控、生产品销售运输安全管理等系统。

3.5.2.2 "海绵城市"理论在乡村规划中的应用

(1)"海绵城市"的背景

2014年10月16日,国务院办公厅印发《关于推进海绵城市建设的指导意见》(以下简称《指导意见》),部署推进海绵城市建设工作。《指导意见》指出:建设海绵城市,统筹发挥自然生态功能和人工干预功能,有效控制雨水径流,实现自然积存、自然渗透、自然净化的城市发展方式,有利于修复城市水生态、涵养水资源,增强城市防涝能力,扩大公共产品有效投资,提高新型城镇化质量,促进人与自然和谐发展。

(2)"海绵城市"的概念

顾名思义,海绵城市是指城市能够像海绵一样,在适应环境变化和应对自然灾害等方面具有良好的"弹性",下雨时吸水、蓄水、渗水、净水,需要时将蓄存的水"释放"并加以利用。海绵城市建设应遵循生态优先等原则,将自然途径与人工措施相结合,在确保城市排水防涝安全的前提下,最大限度地实现雨水在城市区域的积存、渗透和净化,促进雨水资源的利用和生态环境保护(图3-5-4)。在海绵城市建设过程中,应统筹考虑自然降水、地表水和地下水的系统性,协调给水、排水等水循环利用环节,并考虑其复杂性和长期性。

(3)"海绵城市"的建设

通过不同层次的城市规划来建设"海绵城市",在城市总体规划中控制城市用地的边界与城市规模,明确低影响开发策略和重点建设区域;在城市水系规划、城市绿地系统专项规划、城市排水防涝综合规划、城市道路交通专项规划中明确水系的保护范围,对不同类型绿地进行开发控制,明确低影响开发径流总量控制目标与指标、雨水资源化利用目标及方式,提出各等级道路低影响开发控制目标,协调道路红线内外用地空间布局与竖向规划;在控制性详细规划中,结合建筑密度、绿地率等约束性控制指标,提出各地块的单位面积控制容积、下沉式绿地率及其下沉深度、透水铺装率、绿色屋顶率等控制指标,作为土地开发建设的规划设计条件;在修建性详细规划中,遵循控制性详细规划的约束条件,绿地、建筑、排水、结构、道路等相关专业相互配合,采取有利于促进建筑与环境可持续发展的设计方案,落实具体的低影响开发设施的类

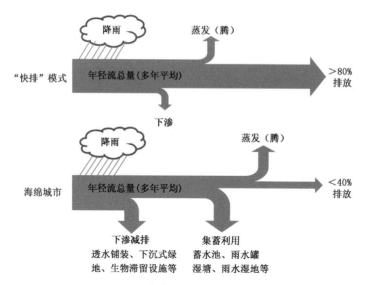

图 3-5-4 "海绵城市"转变排水防涝思路

来源:仇保兴.海绵城市(LID)的内涵、途径与展望.中国勘查设计,2015(7):30-41.

型、布局、规模、建设时序、资金安排等,确保地块开发实现低影响开发控制目标。

(4)"海绵城市"在乡村规划中的应用

① 在进行乡村规划时,通过划定"蓝线""绿线"[①],严格控制河道、湖泊、湿地、森林草甸等生态敏感区及水源涵养区的各项建设活动,进行低影响开发,减少乡村建设对水体、湿地、森林的侵占破坏(图 3-5-5)。

② 通过"渗""蓄""滞"来减少地表径流量,实现雨水的净化与储存。"渗",主要是改变各种路面、地面铺装材料,改造屋顶绿化,调整绿地竖向,从源头将雨水留下来然后"渗"下去;"蓄",即把雨水留下来,尊重自然的地形地貌,使降雨得到自然散落,使用人工蓄水池,可以将雨水暂时储存起来,达到调蓄和错峰;"滞",通过生态滞留池、渗透池、人工湿地,可以延缓形成径流的高峰(图 3-5-6、图 3-5-7、图 3-5-8)。

3.5.3 乡村规划信息技术

3.5.3.1 地理信息系统

地理信息系统,即 GIS(Geographic Information System)起源于 20 世纪 60 年代,从 90 年代开始,GIS 逐渐成为一个产业。GIS 市场发展很快,已渗透到各行各业,如测绘、交通、农业、公安、环保、城建等,并且已成为人们生产、生活、学习和工作中不可或缺的工具。

GIS 是指主要由地理学的各种信息为信息源所组建的信息系统。具体来说,地理信息系统是指在计算机硬、软件系统支持下,对整个或部分地球表层(包括大气层)空间中的有关地理分布数据进行采集、储存、管理、运算、分析和显示的信息系统。地理信息系统处理、管理的对象是多种地理空间实体数据及其关系,包括空间定位数据、图形数据、遥感

---

① 城市绿线是指城市各类绿地范围的控制线。按住建部出台的《城市绿线管理办法》规定,绿线内的土地只准用于绿化建设,除国家重点建设等特殊用地外,不得改为他用。

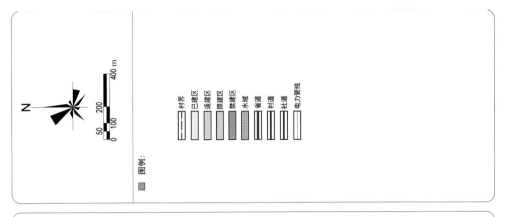

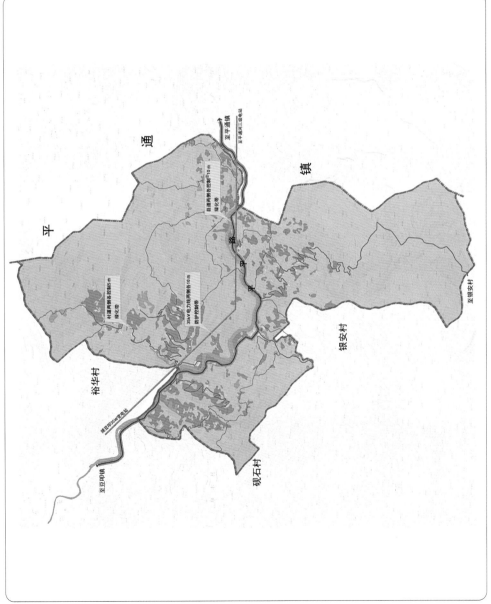

图 3-5-5　村域空间管制规划图

来源：陈雪梅，杜青峰. 平武县豆叩镇华丰村规划. 四川众合规划设计有限公司，2015.

图像数据、属性数据等,用于分析和处理在一定区域内分布的各种现象和过程,解决复杂的规划、决策、管理和服务等问题。它是以地理学为理论依托的一种重要的空间信息系统。

3.5.3.2　GIS功能

（1）数据采集、输入、编辑、存储功能

数据采集是地理信息系统获取数据的过程,数据要求保证地理信息系统数据库中的数

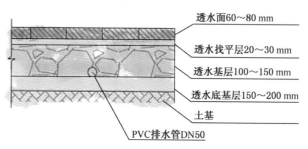

图 3-5-6　透水路面横截面

来源:曾红舟.海绵城市专项设计,2016.

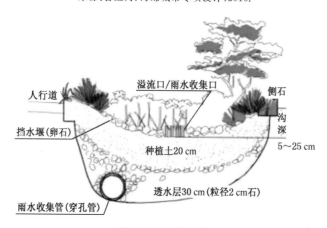

图 3-5-7　蓄水沟

来源:曾红舟.海绵城市专项设计,2016.

图 3-5-8　植草沟

来源:百度图片。

据的完整性、正确性和逻辑一致性。数据采集的工作量极大,GIS采集的数据不仅包括了属性数据,还包括以图形数据显示的空间数据以及复杂度极高的关系数据。数据处理包括数据的格式化、转换等工作。数据存储是将系统所需的地理空间数据进行保存的过程,也是建立地理信息系统数据库的关键步骤,涉及空间数据和属性数据的组织问题。

(2)数据查询、统计、计算功能

查询、统计、计算功能是地理信息系统最基本的分析功能。地理信息系统的查询功能主要表现为两个方面,即"图查属性"和"属性查图"。"图查属性"功能指的是根据图上的相关地物来查找相关的属性,而"属性查图"功能指的是根据给定的属性条件来查找图上的相关地物。

(3)空间分析功能

空间分析功能是地理信息系统的核心功能,也是地理信息系统与其他计算机信息系统的根本区别。空间分析是从空间物体的空间位置、联系等方面去研究空间事物,以及对空间事物做出定量的描述。一般地讲,它只回答What(是什么)、Where(在哪里)、How(怎么样)等问题,但并不(能)回答Why(为什么)。空间分析需要复杂的数学工具,其中最主要的是空间统计学、图论、拓扑学、计算几何学等,其主要任务是对空间构成进行描述和分析,以达到获取、描述和认知空间数据,理解和解释地理图案的背景过程,模拟和预测空间过程,调控地理空间上发生的事件等目的。

空间分析技术与许多学科都有联系,如地理学、经济学、区域科学、大气学等专门学科为其提供知识和机理。除了GIS软件捆绑空间分析模块外,也有一些专用的空间分析软件,如GISLIB、SIM、PPA、Fragstats等。

(4)显示功能

地理信息系统能够为用户提供多种形式的信息显示服务,既包括内容表达的多样性,也包括显示方式的多样性。内容表达的多样性表现在可以用地图、报表、报告等多种形式来显示结果;显示方式的多样性表现在可以由计算机屏幕显示,也可以通过打印机或绘图仪进行地图输出。

3.5.3.3 GIS在乡村规划中的应用

GIS可以在乡村规划的各个阶段发挥重要作用。

(1)现状调研阶段

利用GIS管理现状数据,例如土地利用现状数据、道路数据、市政设施数据等。利用手持GIS设备辅助现场踏勘,融合全球定位系统、遥感和GIS的手持设备(例如GPS手机、PAD)可以告诉规划师所处的位置和周边地理环境以及相关地理数据,使规划师更快、更准确地掌握现状。特别是我国乡村地区基础资料缺乏、地形图缺乏,GIS能够帮助规划师更好地掌握现场的地形情况(图3-5-9、图3-5-10)。

(2)现状分析阶段

利用GIS的叠加分析功能可统计容积率,评价用地的适宜性,制作各类现状图纸;利用空间统计功能可挖掘地理事物的空间分布规律,分析空间结构、交通可达性和交通网络结构;利用三维地形地貌、虚拟规划场景可分析景观视域等。

(3)规划设计阶段

利用GIS可进行交通网络的优化、市政和公共设施布局的优化,实现规划景观的实时模拟,进行场地填挖方分析和规划制图等。

（4）规划实施阶段

利用 GIS 管理规划编制成果、基础地形、市政管线以及相关的各类信息,为规划业务提

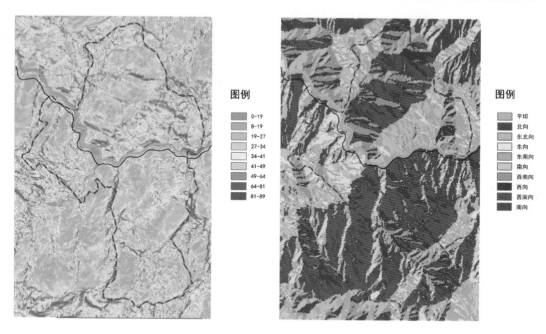

图 3-5-9　坡度分析图　　　　　　　　　图 3-5-10　坡向分析图

来源:陈雪梅,杜青峰.平武县豆叩镇华丰村规划.四川众合规划设计有限公司,2015.

供信息;利用规划管理信息系统,开展各类建设许可业务;决策时,模拟建设的三维场景,用于多方案选择和方案优化,查验项目申报是否符合相关规划等。

（5）评价、监督阶段

此阶段,GIS 应和遥感相结合,检测区域的环境变化;检查建设项目是否符合规范;检讨规划的实施效果等。

4 乡村空间构成与土地利用规划

4.1 乡村空间及土地利用

4.1.1 乡村空间概念及现状特征

4.1.1.1 乡村空间概念

空间是人类进行各种社会经济活动的场所,乡村的发展和地理空间密不可分。地理空间是一个地区乃至国家最为珍贵的资源,乡村空间是地理空间的重要组成部分。乡村空间包括了乡村聚落空间与整个地理自然环境,是组成乡村的各个要素在一定地域内表现出的空间配置形式,其要素分为物质要素和非物质要素,物质要素构成物质空间,非物质要素构成非物质空间。乡村物质空间由乡村聚落空间、乡村生态安全空间、乡村基础设施服务空间、乡村公共服务设施空间构成;乡村非物质空间由乡村经济产业空间、乡村乡土文化空间、乡村社会关系空间构成。从乡村的定义来看,乡村空间指包括生产、生活、游憩等空间类型在乡村地域内各种用地布局的空间分布。

4.1.1.2 乡村空间现状特征

(1)乡村空间具有一定的自然性。原始的乡村是在自然的基础上衍生而来的,人类在自然的基础上加以选择改造,利用自然山水、气候等形成合适的人居环境。

(2)乡村空间具有明确的领域性。乡村由强烈的血缘和地缘关系构成,虽然内部有动态变化,但是基本上是稳定的,有明确的界限。

(3)乡村空间具有重叠性。乡村的生产生活空间紧密相连:村民住宅常以上层为生活空间,而下层却是家庭作坊;圈养家禽的场所多数并没有完全与住宅分开。

(4)村庄分散发展,组织机构涣散,空间分布凌乱,村庄建设处于无规划、无管理状态。城镇化过程中,因人口的转移与居住空间的转移不同步,造成了"空心村"的出现(图4-1-1)。

图4-1-1 乡村空心村现象
来源:百度图片。

(5)乡村结构网络薄弱,公共服务设施、基础服务设施缺乏,配置水平低、分布不均。具体来讲,道路交通设施建设和管理不符合规范,污水处理系统、环卫设施、供水管网、通信服务设施等缺乏。

（6）乡村产业结构较为单一，以农业和畜牧业为主并且产业发展格局分散，不成规模。

（7）乡村生态环境遭到破坏，自然、文化特征被湮没，乡村格局面貌千篇一律，传统特色丧失。

4.1.2 土地利用

4.1.2.1 土地利用概念

在我国土地利用历来受到重视。公元前5至前3世纪成书的《尚书·禹贡》对当时中国东、南、西、北、中部各地区的土壤类别及其利用差异就有所阐述。20世纪30年代开始，胡焕庸等地理学家和张心一等农学家开始进行土地利用的研究和制图，研究内容多为小区域的土地利用实况调查。金陵大学农学院1937年出版了《中国土地利用》一书及图集，比较系统地反映了当时中国东部土地利用的情况和问题。现今，面对当前日益加剧的人口环境资源问题，土地利用研究显得更为重要。

土地利用是指土地的自然属性的使用状况或人类劳动与土地结合获得物质产品和服务的经济活动，即人类有目的地对土地进行干预的活动，这一活动表现为人类与土地进行的物质、能量和价值、信息的交流、转换，是一种动态过程。

4.1.2.2 土地利用内容

受到自然、经济、社会三大因素的影响，我国的土地利用差异性比较明显。土地的地质、地形、地貌、土壤酸碱度、降水量等自然因素都会影响土地利用，而社会因素包括传统文化习俗、政策法规等。随着社会生产力水平的不断提高，人类学会利用自然、改造自然，经济、社会因素在土地利用影响程度中所占比重增加。

广义的土地利用主要包括以下三方面：

（1）土地开发：一般指将尚未开垦的土地经过清理后投入使用，同时也包括将农业用地经过调整后转变为非农业的建设用地。

（2）土地整治：对土地利用过程中不利的条件进行整治，人为地创造土地生态良性循环，如水土流失整治、盐碱地整治、风砂地整治。

（3）土地保护：指依据自然规律采取措施保护土地资源及其环境条件中有利于生产和生活的状态，在利用土地时停止采用破坏性措施。

狭义的土地利用是指人类根据土地的质量特性和土地供需关系，合理地利用土地，寻求土地资源的最佳利用方式和目的，发挥土地资源的最优结构功能，实现土地资源的可持续利用。本书中的土地利用均指狭义的土地利用。

4.1.2.3 土地利用方法

（1）对我国进行全面土地普查、严格登记并且根据土地资源的特点、质量、用途等进行土地资源分类。

（2）对土地开发程度、用地效益等现状进行分析并且编制土地利用图。

（3）编制土地利用规划。

（4）加强土地的开发、保护和管理措施，避免土地资源被浪费，避免环境被破坏。

(5)进行土地适宜性评价,把生产项目对生态环境质量的影响放在重要地位。

4.2 乡村空间重构的实现途径

4.2.1 乡村空间重构的概念和内涵

乡村重构这一概念较早见于欧洲国家和地区,20世纪50年代以来,伴随着城市化、逆城市化的进程,美国、澳大利亚、加拿大、新西兰、欧洲等发达国家在乡村地区的经济、社会、环境等方面发生了显著的变化和重构,例如社会结构和阶层变迁、零售业的变化、家庭农场及农业的转型等。

我国从1978年改革开放以来,广阔的乡村地区开始经历乡村结构的不断重构过程。从中国乡村发展的实践来看,乡村重构是一项集社会、经济、空间于一体的乡村发展战略。它通过农村经济社会的持续发展,立足于合理完善乡村在城乡体系中的地位及作用,提升物质文明和精神文明,合理组织空间布局,构建社会主义市场经济体制下平等、和谐、协调发展的城乡关系及工农关系,实现城市和乡村的良性互动。其中,空间格局的变化是乡村重构的重要表现形式,即乡村空间重构。

4.2.2 乡村空间重构的内容

4.2.2.1 乡村空间重构工作

(1)规划建设农村城市化平台,以村镇布点规划为抓手,重构农村生产与生活空间,逐步推进小村或在远郊区的村庄向大村或道路沿线的中心村迁并,即发展中心村引领型乡村;建设城镇化引领型乡村,即逐步推进集镇周边的村庄向集镇迁并或推进县城周边的村庄向县城迁并。

(2)构建城乡统筹发展的社会保障体系。通过规划调控,合理规划农村聚落,推进农村人口适度集中居住,非农产业适度集聚发展;合理配置农村基础设施、公共服务设施,切实提高乡村人居环境质量,形成有利于城乡协调互动的空间结构。

4.2.2.2 乡村空间重构原则

(1)乡村重构要尊重农民的意愿,尊重当地的历史文化传统;要加强对乡村文化的保护和弘扬,注重保护传统文化,不应重蹈改革开放后城市建设大拆大建的覆辙;要重视保护古村落、古民居以及具有地域文化特征的建筑(图4-2-1)。

(2)乡村居民点重构必须建立在土地集约化基础上,适度加大村庄的集聚规模,方便农民的生活,有效控制人均建设用地。此外,村庄的选址要因地制宜,要有利于保护乡村历史文化景观。

4.2.2.3 乡村空间重构的途径和目的

(1)产业发展集聚。以创新发展理念、促进要素流动、优化产业格局、保障科学发展为目标,加大政府对乡村产业的投入和扶持力度,实现工业向城镇集中,农业向地方化、专业化转型。

总平面图

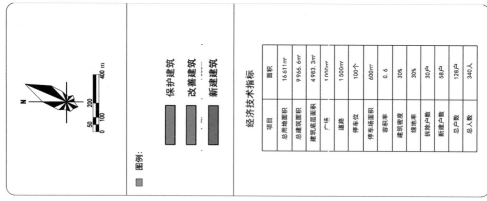

图例:

保护建筑

改善建筑

新建建筑

经济技术指标	
项目	面积
总用地面积	16 611㎡
总建筑面积	9 966.6㎡
建筑底层面积	4 983.3㎡
广场	1 000㎡
道路	1 500㎡
停车位	100个
停车场面积	600㎡
容积率	0.6
建筑密度	30%
绿地率	30%
拆除户数	30户
新建户数	58户
总户数	128户
总人数	340人

新建:
① 生态停车场
② 入口广场
③ 客家文化博物馆
④ 文化景墙
⑤ 南城门
⑥ 西城门
⑦ 北城门
⑧ 阳光绿廊

改善:
⑨ 文化广场
⑩ 日用品商店
⑪ 健康步道
⑫ 宅前小院
⑬ 护城河
⑭ 健身广场

图 4-2-1 曾家寨子保护与更新

来源:邱婵,冯秋霜.青白江区姚渡镇光明村规划.四川省大卫设计有限公司,2015.

（2）农民集中居住。通过集中居住解决分散居住所带来的公共基础设施投入需求大、利用效率低的问题,并据此有效控制农村人均居民点用地,保存乡村传统文化景观。

（3）资源利用集约。通过产业集聚发展和农民集中居住、优化乡村土地配置、推进乡村空间重构、强化区域主导功能、整体提升土地价值,解决生产和生活中资源利用效率低、环境污染的问题,实现乡村的可持续发展。

（4）培育和重构乡村组织核心。从乡村的建设发展上看,传统的管理模式已经不能适应经济和社会发展、乡镇机构改革、农村税费减免等改革要求;增强村委会的社区服务功能,加强乡村空间规划的建设管理,高度重视村镇规划建设的管理机制,稳定管理队伍,将有利于保证乡村建设的有序进行。

（5）建立城乡统筹的市场体系。现代村庄建设规划还需要满足与区域经济、城镇体系协调发展的要求。由于农村是城镇体系的基础层次,村镇的发展水平、发展状况受周边城乡和所在区域经济社会发展影响,同时也牵制和影响整个区域及城市化的发展。乡村空间重构在注重城乡空间分开的同时,还要增强城乡之间的交通联系、文化联系,保护好城乡空间格局。

积极实施对供水、燃气、治污等市政基础设施的区域共建共享和有效利用,统筹城乡基础设施建设,推进城市基础设施向农村拓展和延伸;促进城乡教育、文化、卫生、体育等设施的区域共建共享,统筹公共服务设施建设;促使村庄发展与自然相协调,防止城市污染向乡村扩散、蔓延,阻止城市对耕地资源的无序侵占,统筹保护区域资源。

4.3 土地利用规划

4.3.1 土地利用规划概述

4.3.1.1 土地利用规划的概念

土地利用规划是确定和分析问题,确定目标、具体的规划指标,以及制定和评价供选方案的过程。土地利用规划方案是土地用途的空间安排以及一套使它实现的行动建议,其重点是研究土地利用结构和布局的优化配置。

土地利用总体规划是在一定区域内,根据国家社会经济可持续发展的要求和当地自然、经济、社会条件对土地开发、利用、治理、保护在空间上、时间上所做的总体的战略性布局和统筹安排。它是从全局和长远利益出发,以区域内全部土地为对象,合理调整土地利用结构和布局,以利用为中心,对土地开发、利用、整治、保护等方面做统筹安排和长远规划。

4.3.1.2 现代土地利用规划的理论演变

现代土地利用规划首先产生于欧美的几个大城市,20 世纪 50 年代前产生的主要理论包括物质形态规划论、马克思主义规划论。

20 世纪 60 年代,世界主要国家从两次大战中逐渐恢复过来,经济持续发展和繁荣,科学认识不断进步。在此背景下,规划研究也趋于活跃,出现了许多新的理论流派。"规划过程论""系统规划论""总体规划论"交互影响、融合,形成了"综合理性规划论",规划也实现了从设计艺术到理性科学的转型。随后产生了渐进规划论、人本主义规划论、自由主义规划论。

20世纪60年代末至70年代初,新马克思主义思想逐渐流行,并对规划产生重要影响,促成了"新马克思主义规划论"的诞生。20世纪70年代后期,出现了"新自由主义规划论"的理论流派。

20世纪90年代以来,在后冷战和全球化等新形势下,规划理论研究领域出现了新的发展动向并进一步繁荣,继承以往"人本主义规划论"的传统,同时也是满足提高规划实施水平的需要,沟通问题更受重视,并逐渐形成了"沟通规划论"。随着生态问题的凸显和可持续发展理念的广泛传播,"可持续规划论"被大量研究。受新制度经济学发展的影响,"新制度主义规划论"也逐渐受到诸多学者的支持。借鉴国外规划理论和实践经验,适应于社会主义市场经济发展,新世纪的中国逐渐形成了有自己特色的"公共政策规划论",它表明要注重规划的公共政策属性,以维护和增进公共利益为核心目标,更加公平、公开、公正地解答规划问题。

4.3.2　土地利用规划体系、任务、内容与性质

4.3.2.1　土地利用规划体系

(1) 按功能层次划分,可分为土地利用总体规划、土地利用专项规划和土地利用详细规划。土地利用总体规划可分为三层次的五级规划:高层次的全国、省(自治区)级规划;中层次的市级规划;低层次的县、乡(镇)级规划。上一级的规划是下一级规划的控制和依据,下一级规划是上一级规划的具体实现。土地利用总体规划和土地利用专项规划都是区域整体性的规划。土地利用专项规划以土地资源的开发、利用、整治和保护为主要内容,是土地利用总体规划的深化和补充,它必须在土地利用总体规划的控制和指导下编制。土地利用详细规划是土地利用总体规划和专项规划的深入,是对土地利用专项规划中确定的具体规划项目的规划设计,一般是对田地、水域、道路、林地、电力电信、村庄进行综合规划(图4-3-1)。

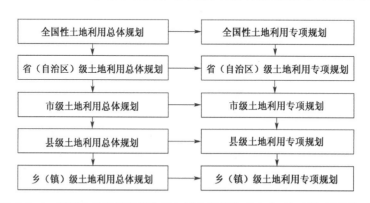

图4-3-1　我国土地利用规划体系与城市规划体系中乡(镇)域规划的关系
来源:编者自绘。

(2) 按时间层次划分,可分为长期规划、短期规划。土地利用总体规划、土地利用专项规划属于长期战略性规划,规划期限一般为10年或20年,一般与国民经济与社会发展规划同步。长期规划分为近期规划和远期规划,近期规划为规划年限内的3～5年,远期规划为近期规划后1年到规划年限末期。根据近期规划可作出年度用地计划,分为农业生产用地、

农业建设用地、非农业建设用地、土地开发整理计划。一般土地利用详细规划为短期规划，其年限为1～3年。

（3）按空间范围划分，可分为区域性土地利用规划、城乡土地利用规划。区域性土地利用规划一般在一个行政区、自然区和经济区范围内；城乡土地利用规划在城镇或乡村范围内，确定村庄范围界限，对村庄居民点、道路、田地、绿化等进行规划。

4.3.2.2　土地利用规划任务

土地利用规划的主要任务是根据国民经济与社会发展的需要，结合区域内的自然环境和社会经济条件，选择符合区域特点，能取得社会效益、经济效益和生态效益的最佳组合的土地利用优化体系。具体来讲，土地利用规划的任务如下：

（1）综合平衡土地供需。土地的供给能力有限，而人口的不断增长使得各项事业与社会发展对土地的需求呈逐步扩大的趋势，因此，土地供给与需求之间常常出现矛盾。协调、合理配置土地的需求，解决土地的供需矛盾，减小土地资源的浪费与破坏是土地利用规划的首要任务。

（2）优化土地利用结构。土地利用规划的核心内容是调整土地利用结构与布局，在资源约束的条件下寻求最优的土地利用结构。

（3）建立完整的土地利用规划体系。土地利用规划是一个大系统，建立完整的土地利用规划体系有助于土地的合理配置、宏观布局以及确定何时、何地、何部门使用土地的数量和分布，将各行业用地落实在土地上[①]，使土地持续利用保持巨大潜力。

（4）建立土地利用规划管理体系。土地利用规划管理体系包括土地利用规划实施、监测的管理组织和制度的建设，如土地利用的规划许可制度、土地规划设计项目的审批和管理制度。

4.3.2.3　土地利用规划内容

（1）不同层次的土地利用规划范围不同，其规划内容也不相同。一般来讲，土地利用规划包括：

① 对土地利用现状进行分析评价，确定土地利用的目标。

② 对土地供给与需求进行研究，确定土地利用指标，即各种功能用地要求达到的数量及质量要求。

③ 土地利用规划分区和用地配置。分区包括地域分区和用地分区两种类型。地域分区是依据土地利用条件、特征、发展方向等划分的土地利用综合区域，是范围连续、面积较大的空间地理；用地分区是依据土地的基本用途和功能划分，在空间上可以不集中，面积可大可小，根据需要确定县、乡级土地利用总体规划划分用地分区。用地配置即用地项目布局，详细确定每块土地的用途与功能，这应该在用地分区的基础上进行，乡级规划必须进行土地用地配置。

（2）乡村土地利用规划内容。不同层次的总体规划都具有决策功能，县、乡级属于基层决策。其中乡级规划是实施性规划，乡村土地利用规划以落实、实施县级以上规划为主要内容，对建设用地、林地、耕地等具体落实到地块，落实到乡级土地利用总体规划图上（图4-3-2）。

---

① 即是根据土地利用规划体系中的用地布局图，将图纸上的用地分类及布局落到实地。

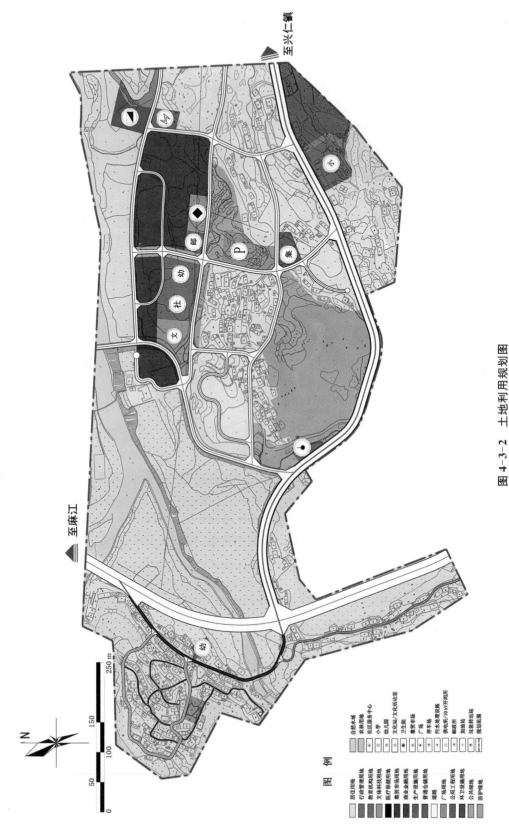

图 4-3-2 土地利用规划图

来源：雷一鹏.丹寨县兴仁镇城江村美丽乡村规划.贵州省城乡规划设计研究院，2014.

图　例

原住用地　　　自然水域
行政管理用地　农林用地
教育机构用地　社区服务中心
文体科技用地　小学
医疗保健用地　幼儿园
商业金融用地　文化站/文化活动室
集贸市场用地　卫生院
生产设施用地　集贸市场
普通仓储用地　广场
道路　　　　　停车场
广场用地　　　供电所/10 kV开闭所
公用工程用地　邮政所
环卫设施用地　加油站
公共绿地　　　垃圾转运站
防护绿地　　　规划范围

4.3.2.4 土地利用规划性质

（1）土地利用规划具有公共政策属性。我国正处于社会经济快速发展的时期,应该采用过程规划的模式,在对社会发展的不确定性进行假设的基础上,考虑想要取得的成果以及取得这些成果的方式。土地利用规划不仅仅是未来变化图景,更重要的是它通过相关行动纲领与政策的制定,对社会发展进行重要战略性布局。

（2）土地利用规划具有综合性。我国的土地利用规划编制过程经过了大量的前期调研工作,包括对当地人口、经济、土地、产业等的分析研究。土地利用规划与社会经济、政治等相互作用、相互影响(图 4-3-3)。

（3）土地利用规划具有层次性。不同层次的土地利用规划具有不同的目标、内容、方法手段以及保障措施。

（4）土地利用规划具有控制性。所有土地利用规划都是为了控制土地利用,土地利用规划从数量上、结构上、空间和布局上对土地进行调整,即按照规划来控制有限的土地资源。规划的目的在于指明具体地块的具体用途和管制措施。管制措施则说明这块土地能干什么不能干什么。

（5）土地利用规划具有协调性。土地利用是有利益的,土地利用规划就是要协调各种利益。我国的土地制度有两种基本形式:国家所有制和农民集体所有制,国家、集体、个体都有土地的使用权,在土地规划的过程中常常会因为调整土地的使用而给部分使用者带来利益损失,造成矛盾。土地利用规划要充分解决各方面利益矛盾,协调解决各个部门之间的用地矛盾。

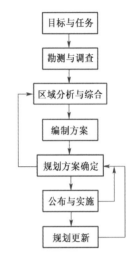

图 4-3-3　土地利用规划程序
来源:编者自绘。

4.3.3　我国现行土地利用规划存在的问题及解决办法

4.3.3.1　规划编制不适用

现今我国经济增长方式由粗放型向集约型转变,"摊大饼式"的土地利用规划与当前经济发展方式不相适应。我国土地利用规划开展的时期比较晚,规划思维落后、法制不健全,常常导致土地利用规划不合理、土地浪费现象严重、生态环境破坏、土地利用质量不高、效率低下等问题产生。乡镇土地利用规划为最基层的规划,应该具有很强的可操作性,但是现行乡镇土地利用规划内容缺乏实质性,与当地人文、地理环境的实际联系不够紧密。编制合理的规划首先需要健全法制,根据法律法规强化对规划的约束与控制力度,提升对规划的认识,加强实地调研工作,将理论与实际相联系,编制符合当地经济、文化等特点的规划文本,引导当地经济建设向正确方向稳定发展。

4.3.3.2　土地利用规划实施措施缺乏

土地利用规划的实施受到经济建设与城市发展的影响,对于环保、交通、文物保护等部门的约束力较弱,部门协调性差。面对部门之间的冲突,土地利用规划处于弱势地位,土地利用规划效力滞后,管制能力不够。规划实施应针对的是具体问题,而不是总体的目标,现今的土地利用规划多缺乏具体的解决措施。

4.3.3.3 土地利用规划后期管理不足

对于已经完成的规划建设,应注重后期的管理。规划常因缺乏管理而使当地规划建设遭到破坏,使其失去原有效益,破坏生态环境。规划的后期管理工作应加强与其他相关部门的沟通,同时强调公众参与,让民众发挥监督作用。

4.3.4 土地利用规划方法

4.3.4.1 土地利用规划的编制程序

(1)进行土地利用规划的准备工作。包括成立规划领导小组和规划办公室,拟定规划工作方案和工作计划等。

(2)进行土地利用规划的调查研究。包括收集、整理和分析有关自然条件、土地资源、土地利用和社会经济等方面的资料。

(3)根据收集的资料,提出可能发生的土地利用问题,确定土地利用规划所需解决的问题,再编写《问题报告书》和《土地利用战略研究报告》。

(4)编制土地利用规划方案。

(5)规划的评审和公布实施。规划报告编制完成之后要完成审批,使其形成规范性文件,最后经过批准的规划方案向群众公布。

4.3.4.2 土地利用规划的编制原则

(1)规划编制应遵循《中华人民共和国土地管理法》等相关法律、法规和行政规章。

(2)统筹安排各类、各区域用地,考虑经济、社会、资源、环境和土地供需状况,妥善处理全局与局部、当前与长远的关系,提高土地利用率,保护和改善生态环境,保障土地的可持续利用。

(3)严格保护基本农田,控制非农业建设(用地)占用农用地。

(4)在确定土地利用政策、规划目标与主要指标、土地利用布局与用途分区过程中,应注重上下级规划的协调和衔接,同时也应注重各个部门的协调。

(5)规划编制应广泛听取基层政府、部门、专家和社会公众对规划目标、方案、实施措施等的意见和建议。

4.3.5 乡村土地利用规划与乡村规划的关系

4.3.5.1 乡村土地利用规划与乡村规划的联系

(1)乡村规划是城市规划的一部分,其核心是乡村土地利用规划。乡村规划与乡村土地利用规划都是以当地国民经济发展规划为依据,以节约和合理利用土地为原则进行编制的。县级市的土地利用总体规划和一般县城以及县辖镇的总体规划要与县级土地利用总体规划相协调,集镇总体规划和村庄总体规划应与乡镇级土地利用总体规划相协调。

乡村土地利用规划在规划空间和地位上从属于镇、乡级土地利用规划,是全面性的,着重于区域内全部土地的利用、布局安排;而乡村规划是局部性的,着重于规划范围内的建设用地的安排和布局。乡村土地利用规划对各项用地规划具有指导和制约作用,乡村规划不仅仅是一个部门的用地规划,还是对乡村土地利用规划的补充和深入。

(2) 两种规划的分析方法和依据相似。在分析方法上,两者一般都采用统计分析法、系统分析法以及动态和静态、宏观和微观、定性和定量分析结合的方法。在规划依据上,两者都需要遵循国家的有关法律、法规和政策,如《基本农田保护条例》《土地管理法》等;都要遵循自然、经济社会中的一定规律,如景观学理论、生态经济规律、价值规律等。

(3) 两种规划都以集约用地为核心。乡村土地利用规划的中心任务在于确定土地利用规划结构、布局和利用方式以达到合理用地、保护土地的目的;乡村规划重点在于确定用地规模、用地分类布局等,也是以节约土地资源为核心。

4.3.5.2 乡村土地利用规划与乡村规划的区别

(1) 规划的主管部门不同。乡村土地利用规划由国土管理部门编制,乡村规划由规划部门编制,两者在各自的行政体系内完成,但在规划的编制过程中均接受来自上级部门的指导与监督。

(2) 规划的出发点不同。乡村土地利用规划立足于当地土地资源现状,寻求土地资源合理配置的方法,强调保护耕地,对建设用地实行供给制约和引导,将优质的土地优先用于农业发展。乡村规划多从用地需求出发,虽然也讲节约土地、合理用地,但是对土地的供给量考虑不多,主要在于统筹安排各类用地,综合规划各项建设,实现经济与社会的可持续发展。

(3) 统计方法不同。乡村土地利用总体规划依据土地部门的土地详查资料,乡村规划依据建设部门的统计资料。

4.3.5.3 乡村土地利用规划与乡村规划的协调

(1) 用地布局协调。乡村规划主要与乡村土地利用总体规划相协调,同时还要与区域规划、电力电信等基础设施规划、农业区域综合开发规划等规划相协调。

(2) 用地规模协调。人口自然增长预测要以卫生计生部门统计数字为准,而人口机械增长要由劳动就业部门、公安部门、旅游部门等共同参与,实事求是地估计人口数量,采用合适的人均建设用地指标,避免因指标偏大而造成土地资源浪费问题,抑或因指标偏小而影响当地经济发展。

4.3.6 土地用途分区与建设用地空间管制

4.3.6.1 土地用途分区

土地用途分区又称为土地功能分区,是将区域土地资源根据用途管制需要、经济社会发展客观要求和管理目标,划分出不同的空间区域,并制定各区域土地用途管制规则,通过用途变更许可制度,实现对土地用途的管制。县级和乡(镇)土地利用总体规划需划分土地利用区,明确土地用途。

(1) 土地用途分区。乡镇土地规划编制中,一般可划定以下 11 种土地用途区:基本农田保护区、一般农地区、林业用地区、牧业用地区、城镇建设用地区、村镇建设用地区、村镇建设控制区、工矿用地区、风景旅游用地区、生态环境安全控制区、自然与人文景观保护区、其他用地区(表 4-3-1)。

表 4 3 1 土地用途分区类型

一级区	二级区
基本农田保护区	
一般农地区	
林业用地区	生态林区
牧业用地区	基本草地保护区
城镇建设用地区	城镇近期建设用地区
村镇建设用地区	
村镇建设控制区	
工矿用地区	限制采矿区、禁止采矿区
风景旅游用地区	
自然和人文景观保护区	
其他用地区	

来源:《乡(镇)土地利用总体规划编制规程》(TD/T 1025—2010)。

注:土地用途区二级区类型可根据乡镇土地规划编制的实际需要确定。

(2)土地规划分类。《乡(镇)土地利用总体规划编制规程》中采用三级分类。一级分3类,包括农用地、建设用地、未利用地;二级分13类,包括耕地、园地、林地、牧草地、居民点用地等;三级分54类,包括灌溉水田、旱地、果园、茶园、农田水利用地、养殖水面、荒草地等。

4.3.6.2 土地用途管制

土地用途管制是目前世界上较为完善且被广泛采用的土地管理制度,包括用地指标管制、现状管制、规划管制、审批管制和开发管制。土地用途管制是政府为保证土地资源的合理利用,为促进经济、社会和环境的协调发展,通过各种方式对土地利用活动进行调节控制的过程,具有法律效力与强制性。

国家实行土地用途管制的目的包括:切实保护耕地,保证耕地总量动态平衡;对基本农田实行特殊保护;开发未利用地,进行土地的整理和复垦;控制建设用地总量,限制不合理利用土地的行为;保护和改善生态环境。

土地用途管制的保障措施包括法律手段、经济手段、规划手段、分区手段以及农用地转用审批制度、规划公示制度和信息监督制度。乡(镇)土地利用总体规划根据土地使用条件为土地利用、农用地转用审批提供依据。通过土地用途的分区管制,各种建设项目用地都必须严格按照土地利用总体规划确定的用途审批用地,严格控制农用地转为建设用地。当土地开发者向符合用途的方向开发利用时,才能颁发土地开发许可证;土地向符合规定的用途转变时,才能向土地开发者颁布土地转用许可证,土地转用许可证是建设用地审批的申报条件之一(表4-3-2)。

表 4-3-2 土地用途分区管制用途

土地用途分区类型	规划期间可能转为的土地用途																				
	耕地	园地	林地	牧草地	畜禽饲养地	设施农业用地	农村道路	坑塘水面	养殖水面	农田水利用地	田坎	晒谷场	城市	建制镇	农村居民点	采矿地	其他独立建设用地	国际监教用地	宗教用地	墓葬地	风景旅游设施用地
基本农田保护区	√	△	△	○	○	△	√	○	△	√	√	○	×	×	×	×	×	△	×	×	×
一般农地区	√	√	√	√	△	△	√	√	√	√	√	△	○	○	△	△	△	△	△	△	△
林业用地区	△	△	√	△	△	△	√	√	△	√	/	○	○	○	△	△	△	△	△	○	△
牧业用地区	△	△	△	√	△	△	√	√	△	√	/	○	○	○	△	△	△	△	△	○	△
城镇建设用地区	○	○	○	○	○	○	○	○	○	○	○	○	√	√	○	○	○	○	○	○	○
村镇建设用地区	○	○	○	○	○	○	○	○	○	○	○	○	○	○	√	○	○	○	○	○	○
村镇建设控制区	√	√	√	√	△	△	√	√	√	√	√	√	○	○	○	○	○	△	△	△	△
工矿用地区	○	○	○	○	○	○	○	○	○	○	○	○	○	○	○	√	○	○	○	○	○
风景旅游用地区	△	√	√	√	△	△	√	√	△	√	△	△	○	○	△	△	△	△	△	△	√
自然和人文景观保护区	○	△	√	△	△	△	√	√	△	√	△	△	○	○	△	○	○	△	○	△	√
其他用地区																					

来源:《乡(镇)土地利用总体规划编制规程》(TD/T 1025—2010)。

说明:1. 表中"√"表示规划期间土地用途分区内的土地允许转变为该土地用途。

2. 表中"△"表示规划期间土地用途分区内的土地经许可允许转变为该土地用途。

3. 表中"○"表示规划期间土地用途分区内的土地限制转变为该土用途。现状为该用途的,应调整或转至其适宜的土地用途,暂时不能调整或转用的,可保留现状用途,但不得扩大面积。

4. 表中"×"表示规划期间土地用途区内的土地禁止转变为该土地用途。

5. 表中"/"表示不存在该种土地用途。

6. 其他用途区中的土地用途可依各用途区实际管制需要确定。

4.3.6.3 建设用地空间管制

传统的土地利用总体规划是基于土地用途分区的管制规划。土地规划强调耕地保护,划定基本农田,明确各类土地的管制规则及改变土地用途的法律责任,最底层的乡镇土地利用总体规划是用地管理的主要依据。政府对资源配置的干预和调控始终无法决定市场参与主体的行为,也无法代替市场参与主体做出经济行为的决策选择。因此,乡镇土地规划不可能精准确定每一块土地用途,在无法确定"种什么""建什么"的情况下,将规划思路转向"要不要种""能不能建"。

空间管制是对土地发展权在空间上的分配,禁止建设区的土地发展权受到限制,适宜建设区或允许建设区的土地发展权得到体现。空间管制是为了协调城乡发展、资源综合利用、风景名胜区保护与管理、历史文化遗产保护、重大基础设施建设、城市生命线系统安全等方面制定的强制性内容,通过划定非城镇建设用地,避免城镇建设用地在空间的盲目扩张,从而达到保护历史文化遗产、自然生态环境、物种多样性,建设自然生态和城市生态相交融的富有活力和持续发展能力的城乡协调发展格局的目的。

《全国土地利用总体规划纲要(2006—2020年)》提出了"建设用地空间管制"的概念和要求。土地规划将"用途管制"的思路进一步延展到建设空间与非建设空间的管制上,从而形成了建设用地"三界四区",即规模边界、扩展边界、禁止建设边界、允许建设区、有条件建设区、限制建设区、禁止建设区的管控体系。

规模边界指城乡建设用地规模边界,是按照规划确定的城乡建设用地面积指标,划定城、镇、村、工矿建设用地边界。扩展边界指城乡建设用地扩展边界,是为适应城乡建设发展的不确定性,在城乡建设用地规模边界之外划定城、镇、村、工矿建设规划期内可选择布局的范围边界,扩展边界与规模边界可以重合。禁止建设边界是为保护自然资源、生态、环境、景观等特殊需要,划定规划期内需要禁止各项建设与土地开发的空间范围边界,禁止建设用地边界必须在城乡建设用地规模边界之外。

允许建设区是指城乡建设用地规模边界范围内的土地,是规划期内新增城、镇、村、工矿建设用地规划选址的区域,也是规划确定的城乡建设用地指标落实到空间上的预期用地区;有条件建设区是指为适应城乡建设的不确定性,在城乡建设用地规模边界之外划定的规划期内用于城、镇、村、工矿建设用地布局调整的范围边界;禁止建设区是指禁止建设用地边界所包含的空间范围,是具有重要资源、生态、环境和历史文化价值,必须禁止各类建设开发的区域;限制建设区是指辖区范围内除允许建设区、有条件建设区、禁止建设区外的其他区域。

5 乡村基础设施规划

5.1 乡村基础设施概述

5.1.1 基础设施的概念及内容

基础设施规划是城乡建设规划的核心内容之一。基础设施是为物质生产和人民生活提供一般条件的公用设施,是城市和乡村赖以生存和发展的基础。广义的基础设施可以分为技术性基础设施和社会性基础设施:技术性基础设施是指为物质生产过程服务的有关成分的综合,为物质生产过程直接创造必要的物质技术条件;社会性基础设施是指为居民的生活和文化服务的设施,通过保证劳动力生产的物质文化和生活条件而间接影响再生产过程。基础设施主要包括交通运输、机场、港口、桥梁、通讯、水利及城乡供排水、供气、供电设施和提供无形产品或服务于科教文卫等部门所需的固定资产(图 5-1-1)。

5.1.2 乡村基础设施的定义和内容

乡村基础设施(rural infrastructure)是指为发展农村生产和保证农民生活而提供的公共服务设施的总称。乡村基础设施是为社会生产和居民生活提供公共服务的物质工程设施,是用于保证国家或地区社会经济活动正常进行的公共服务系统,是维持村庄或区域生存的功能系统和对国计民生、村庄防灾有重大影响的供电、供水、供气、交通及对抗灾救灾起重要作用的指挥、通信、医疗、消防、物资供应与保障等基础性工程设施系统。

乡村基础设施是乡村赖以生存发展的一般物质条件,是乡村经济和各项事业发展的基础。在现代社会中,经济越发展,对基础设施的要求越高;完善的基础设施对加速社会经济活动,促进其空间分布形态演变起着巨大的推动作用。

5.1.3 乡村基础设施的分类

基础设施按照其所在地域或使用性质划分为农村基础设施和城市基础设施两大类。农村基础设施主要包括水利、通信、交通、能源、教育、医疗、卫生等方面。

参照我国新农村建设的相关法规文件,农村基础设施可分为:农村社会发展基础设施、农业生产性基础设施、农村生活性基础设施、生态环境建设四个大类。

(1)农村社会发展基础设施:主要指有益于农村社会事业发展的基础建设,包括农村义

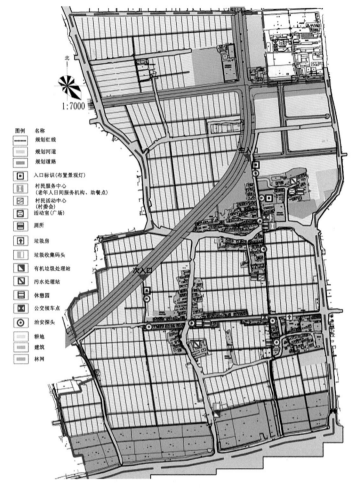

图例	名称
	规划红线
	规划河道
	规划道路
	入口标识(布置景观灯)
	村民服务中心 (老年人日间服务机构、助餐点)
	村民活动中心(村委会)
	活动室(广场)
	厕所
	垃圾房
	垃圾收集码头
	有机垃圾处理站
	污水处理站
	休憩园
	公交候车点
	治安探头
	耕地
	建筑
	林网

北

1:7000

主入口

次入口

图 5-1-1 基础设施规划图
来源:上海市青浦区练塘镇东庄村美丽乡村建设规划.上海绿呈实业有限公司,2013.

务教育、农村卫生、农村文化基础设施等。

（2）农业生产性基础设施:主要指现代化农业基地及农田水利建设。

（3）农业生活性基础设施:主要指饮水安全、农村沼气、农村道路、农村电力等基础设施建设。

（4）生态环境建设:主要指天然林资源保护建设、防护林体系建设、种苗工程建设、自然保护区生态保护和建设、湿地保护和建设、退耕还林等攸关农民吃饭、烧柴、增收等当前生计和长远发展问题。

按农村基础设施的功能用途分类,可划分为市政公用设施和公共服务设施两大类。

市政公用设施包括市政设施和公用设施两方面。市政设施主要包括:乡村道路、桥涵、防洪设施、排水设施、道路照明设施;公用设施主要包括:公共客运交通设施、供水设施、供热设施、燃气设施、通讯设施等。

公共服务设施是指为居民提供公共服务产品的各种公共性、服务性设施,按照具体的项目特点可分为交通、体育、教育、医疗卫生、文化娱乐、社会福利与保障、行政管理与社区服务、邮政电信和商业金融服务等。

5.1.4 编制乡村基础设施建设专项规划的重要意义

乡村人口比重大,自然条件差,经济不发达,基础设施建设、社会事业发展滞后,严重影响着农业生产发展和农民生活水平的提高,与建设社会主义新农村及全面实现小康社会目标的要求不相适应。因此,编制乡村基础设施建设专项规划,加快乡村基础设施建设显得尤为重要和迫切。各乡(镇)和有关部门要从落实科学发展观、统筹城乡经济社会发展、构建和谐社会的高度,充分认识到乡村基础设施建设专项规划编制工作的重要意义,把科学编制乡村基础设施建设专项规划作为社会主义乡村建设的基础性工作和切入点,为建设新型乡村提供依据。

5.1.5 乡村基础设施规划原则

5.1.5.1 指导思想明确

按照《中共中央国务院关于推进社会主义新农村建设的若干意见》要求,以"布局合理、设施配套、功能齐全"为目标,以改善农民生产生活条件、着力加强农民最急需的生产生活基础设施建设为主线,坚持规划先行、因地制宜、试点引路、循序渐进、统筹发展的原则,扎实推进新农村基础设施专项规划编制工作,积极争取资金,加大对农村公益性基础设施的投入,夯实新农村建设基础。

5.1.5.2 要充分评价基础设施发展潜力

基础设施是农民、农村经济发展的支撑点,是新农村建设的希望所在。要根据乡村资源与环境条件,结合市场需求,通过区域比较优势分析,充分评价基础设施发展潜力,展望发展前景,为制定发展目标提供科学依据。

5.1.5.3 要因地制宜选择重点建设项目

重点发展项目一定要符合当地客观实际,符合中央、省、市、县、乡的发展扶持方向与要求,充分尊重农民的意愿,发挥农民的主体作用。

5.1.5.4 要制定有力可行的实施措施

有力可行的政策措施,是规划实施的保障条件。要从明确责任,狠抓落实入手,制定组织、投资(引资、融资)、技术、市场、服务等政策措施,为规划有效实施提供条件保障。

5.2 乡村基础设施专项分类规划

5.2.1 乡村道路交通规划

5.2.1.1 公路沿线乡村建设控制要求

公路沿线建设控制范围:乡村建设用地应坚决杜绝沿公路两侧进行夹道开发,靠近公路的村民住宅应与公路保持一定的距离。

公路沿线建设控制要求:在建筑控制区范围内,不得修建永久性建筑;未经批准,不得搭建临时建筑物;同时严禁任何单位和个人在公路上及公路用地范围内摆摊设点以街为市、堆物作业、倾倒垃圾、设置障碍、挖沟引水、利用公路边沟排放污物、种植农作物等。

5.2.1.2 对外联系道路规划要求

对外联系道路,其使用率较高,往返行人和车辆较多,要求路面有足够的宽度,路面承载能力强,路旁绿化程度高,要设有排水沟。通村主干公路工程技术等级应满足各省及地方标准的要求,村庄主入口设标识标牌,设村名标识。主干公路应设立规范的交通指示标牌,并对省级以上旅游特色村和四星级以上农家乐设置指示牌,道路两侧进行美化绿化(图5-2-1)。

图5-2-1 进出乡村的道路

来源:安徽省美好乡村建设标准.安徽省住房和城乡建设厅,2012.

5.2.1.3 乡村内部道路

乡村道路等级可按三级布置,即主要道路、次要道路和入户道路。乡村道路宽度:主要道路路面宽度4.5~6 m,次要道路路面宽度3.5~4.5 m,入户道路1~2 m。应根据需求设置地下管线、垃圾回收站、错车道。管线优先考虑在道路两外侧敷设,若车道下需敷设管线,其最小覆土厚度要求为0.7 m,路基路面可适当加强。如有景观等特殊要求,可适当提高标准,线路尽量在区域内形成环状或有进口和出口,确保交通、安全疏散要求,路面可采用水泥、石、砖等硬化或半硬化材料。

5.2.1.4 道路照明

路灯一般布置在村庄主次道路的一侧、丁字路口、十字路口等位置,具体形式各村可根据道路宽度和等级确定。一般采用85 W节能灯,架设高度6 m,照明半径25 m。路灯架设方式主要采用单独架设方式,可根据现状情况灵活布置。按照可持续发展的要求,有条件的地区可采用太阳能、沼气等新型能源进行发电,但应注意太阳能路灯亮度不均匀,初次投资费用高。在进行路灯造型设计时,应根据村庄独特的地域文化特色,提炼出符合乡村历史发展的文化符号,将其应用于路灯的外形建造(图5-2-2)。

5.2.1.5 道路材料

村庄交通量较大的道路宜采用硬质材料路面,尽量使用水泥路面,少量使用沥青、块石、混凝土砖等材质路面。还应根据地区的资源特点,先考虑选用天然透水材料,如卵石、石板、青砖、砂石路面等,既体现乡土性和生态性,又省造价。具有历史文化传统的村庄道路宜采用传统的建筑材料,保留和修复现状中富有特色的石板路、青砖路等传统巷道。

5.2.1.6 停车场

应结合当地社会经济发展情况酌情布置,乡村应考虑配置农用车辆停放场所。机耕道、径、埂等服务于村庄农户生活与农业生产的道路,可根据需要,对路面进行防滑、透水、防尘降尘的处理。

图 5-2-2 太阳能路灯

来源:上海市青浦区美丽乡村建设技术指引.上海市青浦区新农村建设领导小组办公室,2015.

5.2.2 乡村给水工程规划

给水工程规划包括用水量预测、水质标准、供水水源、输配水管网布置等。各地区综合用水指标可根据《农村生活饮用水量卫生标准》(GB 11730—1989)确定。供水水源应与区域供水、农村改水相衔接,有条件的乡村提倡建设集中供水设施。建立安全、卫生、方便的供水系统。乡村供水水质应符合《生活饮用水卫生标准》(GB 5749—2006)的规定,并做好水源地卫生防护、水质检验及供水设施的日常维护工作。选择地下水作为给水水源时,不得超量开采;选择地表水作为给水水源时,其枯水期的保证率不得低于90%(图 5-2-3)。

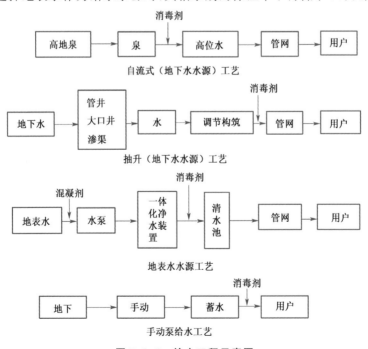

图 5-2-3 给水工程示意图

来源:周杰.绵阳市新村导则.绵阳市规划局,2012.

应合理开采地下水,加强对分散式水源(水井、手压机井等)的卫生防护,水源周围30m范围内不得有污染源,对非新建型新村应清除污染源(粪坑、渗水厕所、垃圾堆、牲畜圈等),并综合整治环境卫生。在水量保证的情况下可充分利用水塘等自然水体作为乡村的消防用水,或设置消防水池安排消防用水。

5.2.3 乡村排水工程规划

排水工程规划包括确定排水体制、排水量预测、排水系统布置、污水处理方式等。排水体制一般采用雨污分流制,条件有限的新村可采用合流制。污水量按生活用水量的80%计算。雨水量参考附近城镇的暴雨强度公式计算。

布置排水管渠时,雨水应充分利用地面径流和沟渠排放;污水应通过管沟或暗渠排放,雨水、污水管(渠)应按重力流设计。污水在排入自然水体之前应采用集中式(生物工程)设施或分散式(沼气池、三格化粪池)等污水净化设施进行处理(图5-2-4)。城镇周边和邻近城镇污水管网的村庄,距离污水处理厂干管2km以内的,应优先选择接入城镇污水收集处理系统统一处置;居住相对集中的规划布点村庄,应选择建设小型污水处理设施相对集中处理;对于地形地貌复杂、居住分散、污水不易集中收集的村庄,可采用相对分散的处理方式处理生活污水。

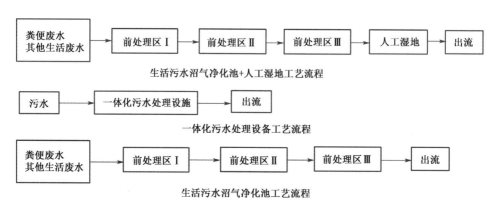

图5-2-4 生活污水处理方式

来源:周杰.绵阳市新村导则.绵阳市规划局,2012.

5.2.4 乡村供电工程规划

(1)供电工程规划应包括预测村所辖地域范围内的供电负荷,确定电源和电压等级,布置供电线路和配置供电设施。

(2)乡镇供电规划是供电电源确定和变电站站址选择的依据,基本原则是线路进出方便和接近负荷中心。重要公用设施、医疗单位或用电大户应单独设置变压设备或供电电源。

(3)确定中低压主干电力线路的敷设方式、线路走向和位置。

(4)各种电线宜采用地下管道铺设方式,鼓励有条件的村庄地下铺设管线。

(5)配电设施应保障村庄道路照明、公共设施照明和夜间应急照明的需求。

5.2.5　乡村电信工程规划

（1）邮电工程规划应包括确定邮政、电信设施的位置、规模、设施水平和管线布置。

（2）电信设施的布点结合公共服务设施统一规划预留，相对集中建设。电信线路应避开易受洪水淹没、河岸塌陷、土坡塌方以及有严重污染等地区。

（3）确定镇—村主干通信线路敷设方式、具体走向和位置；确定村庄内通信管道的走向、管位、管孔数、管材等，电信线路铺设宜采用地下管道铺设方式，鼓励有条件的村庄在地下铺设管线。

5.2.6　乡村广电工程规划

有线电视、广播网络应尽量全面覆盖乡村，其管线应逐步采用地下管道敷设方式，有线广播电视管线原则上与乡村通信管道统一规划、联合建设。新村道路规划建设时应考虑广播电视通道位置。

5.2.7　乡村新能源的利用

保护农村的生态环境，大力推广节能新技术，实行多种能源并举；积极推广使用沼气、太阳能和其他清洁型能源，构建节约型社会；逐步取代燃烧柴草与煤炭，减少对空气环境的污染和对生态资源的破坏；大力推进太阳能的综合利用，可结合住宅建设，分户或集中设置太阳能热水装置。

5.2.8　乡村环境卫生设施规划

村庄生活垃圾处理坚持资源化、减量化、无害化原则，合理配置垃圾收集点，垃圾收集点的服务半径不宜超过 70 m，确定生活垃圾处置方式。积极鼓励农户利用有机垃圾作为有机肥料，逐步实现有机垃圾资源化。城镇近郊的新村可设置垃圾池或垃圾中转设施，由城镇环卫部门统一收集处理。垃圾收集点、垃圾转运站的建设应做到防渗、防漏、防污，相对隐蔽，并与村容村貌相协调（图 5-2-5）。

结合农村改水改厕，无害化卫生厕所覆盖率达到 100%；同时结合村庄公共服务设施布局，合理配建公共厕所。1 000 人以下规模的村庄，宜设置 1～2 座公厕，1 000 人以上规模的村庄，宜设置 2～3 座公厕。公厕建设标准应达到或超过三类水冲式标准。村庄公共厕所的服务半径一般为 200 m，村内和村民集中活动的地方要设置公共厕所，每座厕所最小建筑面积不应低于 30 m²，有条件的乡村可规划建设水冲式卫生公厕（图 5-2-6）。

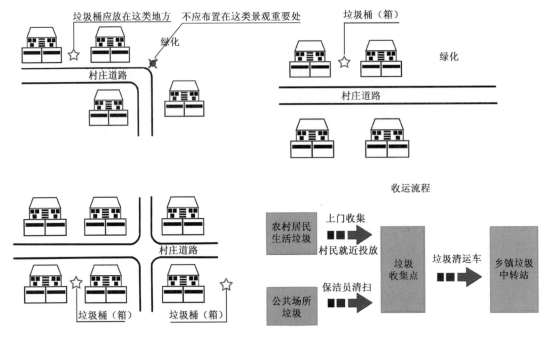

图 5-2-5 垃圾箱布置
来源:安徽省美好乡村建设标准.安徽省住房和城乡建设厅,2012.

图 5-2-6 乡村公共厕所
来源:百度图片。

6 乡村交通与道路系统规划

6.1 乡村交通与道路系统概述

乡村道路是村域中联系交通的主要设施,是行人和车辆来往的基础设施。乡村道路系统是由村域范围内不同功能、区位、等级的道路,以停车场和各种形式的交叉口相连接组成的有机整体。乡村道路系统规划技术指标主要依据《村庄整治技术规范》(GB 50445—2008)来指导实施,部分省市有指导乡村规划编制的技术导则。村庄道路系统应结合村庄规模、地形地貌、村庄形态、河流走向、对外交通布局及原有道路因地制宜地确定。

6.1.1 乡村道路分级

乡村道路系统规划中,将道路按其功能和作用可分为过境公路、主要道路、次要道路、宅前道路与游步道五类。建立健全完整的乡村道路系统,串联山体、微田园景观院落、滨水公共空间以及山水阳台等,可感受当地风土人情、领略区域的自然生态。

6.1.1.1 过境公路

过境公路的选择要考虑的是乡村发展需求,因而在过境公路的选择上要从总体规划的布局和发展方向与出入境交通的流量和流向等几方面来考虑。从我国乡镇的发展历史来看,多数的乡镇是沿过境公路的两侧逐渐发展形成的,过境公路既是对外的交通要道,又是乡镇内部的主要交通道路。过境公路将各个乡镇连接起来,形成了城乡网络的一部分。

6.1.1.2 主要道路

主要道路是村域中主要的常速交通道路,为相邻组团之间和城镇中心区的运输服务,是连接村域各组团和城镇对外交通枢纽的主要通道。

6.1.1.3 次要道路

次要道路是村庄各组团内的主要干道,联系乡村主要道路和宅前道路,组成乡村道路网。

6.1.1.4 宅前道路与游步道

宅前道路是各组团内部次要道路与村民住宅入口连通的道路。游步道是以生活服务性功能为主,在交通上起汇集作用,便于人们体验、了解观光景观。

6.1.2 乡村道路系统与乡村发展

乡村规划中,村庄道路系统规划具有举足轻重的地位,村庄的规模大小、结构布局、管线排布、村民的生活方式都需要道路系统的支撑。乡村道路系统是村庄社会、经济和物质文化结构的基本组成都分,乡村交通网布局在很大程度上决定了村庄的发展形态,因此,乡村和交通协调发展是可持续化发展的关键。"要想富,先修路",这在乡村经济的发展过程中得到无数次的证实。道路系统将分散在村域内的生产、生活活动相连接,在创建美好生活、组织生产、发展经济、提高村庄客货流的有效运转方面具有重要作用。

6.1.2.1 乡村道路与产业发展

乡村道路的建设对产业结构有重要的影响。在乡村道路没有建设好之前,乡村主要以发展第一产业为主,村民的主要收入来自耕地或者养殖家禽,家庭总收入不高,生活比较困难。随着乡村道路的建设,乡村出现了越来越多的第二产业与第三产业,乡村的产业结构发生改变,第一产业、第二产业、第三产业协调发展,形成了新的生产、发展模式,使乡村产业和资源得到优化,跳出了乡村发展的局限,打开了更广阔的视野,引导农民在农村内部创业就业,帮助扩大农民就业面、增加农民的收入。

乡村道路建设改善了乡村运输条件和投资环境,有助于实施"引进来"和"走出去"的发展战略,使农村丰富的资源得到开发利用,使乡村蕴藏的土地、森林等资源优势转化为经济优势。乡村道路建设改善了村民的出行条件,也直接推动了乡村旅游业的发展。都市的快节奏使市民的压力不断增加,人们逐渐对都市景观产生审美疲劳,此时乡村独有的自然风光受到更多青睐,而交通的发展就会为乡村旅游业的成功奠定基础。

6.1.2.2 乡村道路与农村基础设施建设

乡村交通运输设施的发展促进了乡村基础设施建设。随着乡村道路网的完善、乡村生活水平的提高,越来越多的人返乡建房。人们在解决温饱问题后,开始重视生活质量,对完善基础设施的呼声越来越高。面对大众的需求,完善基础设施建设事业步入轨道,原本分散的居民点在重新修建的过程中常沿道路集中分布,这将更有利于基础设施建设。

6.1.2.3 乡村道路与乡风建设

乡村道路建设不仅仅提高了物质生活,也提高了村民的精神文化生活。乡村道路的畅通,打破了乡村自然封闭状态,使乡村信息的传播与对外交流活动增加,村民对消息的利用、解读更充分,对生活的改变充满憧憬,行动更积极。

6.2 乡村道路系统规划

6.2.1 我国乡村道路现状

乡村道路建设是我国提出的建设"生产发展、生活宽裕、乡风文明、村容整洁、管理民主"的社会主义新农村,建设美丽乡村的重要内容。各地积极响应政策号召,推进乡村规划的编制和实施,虽取得了一定的成效,但还有不足——脱离实际、指导性差的规划问题仍然存在,忽视民众的意愿与需求,忽视道路规划的重要性,常常导致乡村文化风貌缺失。

6.2.1.1 道路基础设施差

我国乡村对外道路通畅,但是村镇内部交通道路却不够完善,有的道路系统规划不够实用,有的甚至没有道路系统规划,导致很多村镇道路路网布局不合理、密度不够。乡村经济快速发展,对外运输沟通需求不断增加,不合理、不完善的道路布局不利于乡村经济文化建设。由于乡村建设资金有限,道路建设常常缺乏长远的思考与规划,迁就原有布局。在地形状况复杂的村落中,道路的路面质量、纵坡等多数不符合规定,乡村道路硬化不完全,路灯、停车场、护栏等基础设施缺乏。

6.2.1.2 交通运输工具类型多

乡村道路交通工具主要有客车、小汽车、摩托车等机动车,还有自行车、三轮车等非机动车,这些车辆速度差别大,在道路上行驶相互干扰,安全系数降低。

6.2.1.3 乡村交通与对外交通不协调

乡村交通与对外交通不协调,仍有过境公路穿越乡村居民点。这样不仅仅使过境车辆通行困难,容易产生交通拥堵的状况,同时也使乡村内部道路交通混乱,容易出现交通事故。

6.2.1.4 乡村道路交通管理落后

乡村道路交通管理人员少,体制不健全,交通管理落后,人行道、车行道混用。因管理不当,车辆随意停靠路边,原本就不够宽敞的道路显得愈加狭窄,道路两边建筑违章占道,小商贩随意占道摆摊,更加剧了道路的拥堵。

6.2.1.5 乡村道路设计缺少观赏性

目前,乡村道路的建设规划与已有乡村道路大多只是考虑了道路的通达性,忽视了道路景观绿化,不重视观赏性。乡村道路空间是乡村空间的重要构成部分,乡村空间环境和乡村景观在很大程度上受到道路的空间布局的影响。

6.2.2 乡村道路系统规划原则

长期以来,在乡村建设中,人们由于对道路建设认识不足以及片面地认为只有产业发展才能带动乡村发展,而忽视了对道路的规划与建设。但事实证明,乡村道路建设是乡村产业健康快速发展的重要支撑,因此乡村道路的建设应在进行调查分析的基础上做出符合客观实际需要的道路规划。乡村道路交通系统规划应遵循以下原则:

6.2.2.1 统筹规划、因地制宜原则

道路规划与土地利用规划应作为一个整体来考虑,考虑乡村居民生产生活实际状况、基础设施建设等条件,将乡村道路规划与当地的乡村建设规划相协调,同时道路规划应与沿线周边地形、地貌、景观环境相协调,保护自然生态环境和传统历史文化景观。

6.2.2.2 保护耕地、节约用地原则

农村道路要充分利用现有道路与原有桥梁进行扩改建,尽量避免大挖大填,避免占用农田,减少对自然环境的不利影响。

6.2.2.3 道路交通通达性原则

目前的乡村道路规划缺乏村与镇、村与村等道路之间的联系,各自为政,缺乏对车流、人流的流量和流向的动态分析。乡村道路应与省道、县道等主干路网相连接,提升乡村道路路网密度与通达性。道路建设要打破村与村、县与县等之间的界限,满足多方出行的需求。根据实际需求合理规划道路,避免建设脱离实际的高标准公路。

6.2.2.4 科学规划,"安全、方便"原则

道路系统应尽可能简单、整齐、醒目,以便行人和行驶的车辆辨明方向,易于组织和管理道路交叉口的交通。

停车场的建设不仅仅着眼于机动车停放问题,同时也要有利于自行车、兽力车等非机动车的停放与管理。

6.2.3 乡村道路系统构建

6.2.3.1 乡村道路景观

乡村道路不仅具有交通运输、连接内外道路的功能,而且对于乡村景观的形成有着不容忽视的作用。乡村道路两侧绿化应尽量选用本地树种,体现地方特色的同时注意植物的搭配,一般采用高大的植物与低矮的植物搭配的方法,这样能够呈现由低到高的多样的植物景观层次(图6-2-1),同时也能够丰富道路景观,改善乡村道路品质。

乡村道路路堤边坡坡面应采取适当形式进行防护,宜采用浆砌片石护坡、干砌片石护坡及植草砖护坡等多种形式(图6-2-2、图6-2-3)。

图 6-2-1 多层次的道路建设景观
来源:上海市青浦区美丽乡村建设技术指引.上海市青浦区新农村建设领导小组办公室,2015.

图 6-2-2 植草护坡
来源:百度图片。

图 6-2-3 干砌片石护坡
来源:百度图片。

道路设计应充分考虑功能与景观的结合,过长的道路会使人感觉枯燥厌烦,在适当的地点布置广场、小花园、喷泉、休闲亭等,情况则会得到有效改善。道路线条的曲折起伏,两

侧建筑的高低错落布置,层次丰富的道路绿化与自然景观、历史文化景观等相融合,能形成舒适、美观的乡村景观。

6.2.3.2 道路标准

进出村主道作为村中通往外界的主要通道,往返行人和车辆较多,要求路面有足够的宽度、较强的路面承载能力,路旁要设有排水沟。通常平曲线最小半径不宜小于 30 m,最小纵坡不宜小于 0.3%,应控制在 0.3%~3.5% 之间。当道路宽度小于 4.5 m 时,可结合地形分别在两侧间隔设置错车道,宽度 1.5~3 m,其间距宜为 150~300 m。

表 6-2-1 内部道路规划的技术指标和等级

规划技术指标	道路等级		
	主要道路	次要道路	宅间路
道路红线宽度(m)	8~10	4.5~6	1~2
车行道宽度(m)	4~7	3~4	—
每侧人行道宽度(m)	1~1.5	0~1	—

来源:四川省"幸福美丽新村"规划编制办法.成都市规划局,2015.

主要道路路面宽度不宜小于 4 m,次要道路路面宽度不宜小于 2.5 m,宅前路及游步道路面宽度宜为 1~2 m,不宜大于 2.5 m(表 6-2-1)。平曲线最小半径不宜小于 6 m,最小纵坡不宜小于 0.3%,山区特殊路段纵坡度大于 3.5% 时,宜采取相应的防滑措施。若车道下需敷设管线,其最小覆土厚度要求为 0.7 m,如有景观等特殊要求,可适当提高标准。乡村道路布局中,应考虑桥梁两端与道路衔接线形顺畅,行人密集的桥梁宜设人行道,且宽度不宜小于 0.75 m。

乡村道路横坡宜采用双面坡形式,宽度小于 3 m 的窄路面可以采用单面坡,坡度应控制在 1%~3% 之间:纵坡度大时取低值,纵坡度小时取高值;干旱地区乡村取低值,多雨地区乡村取高值,严寒积雪地区乡村取低值。

乡村道路标高宜低于两侧建筑场地标高,路基路面排水应充分利用地形,乡村道路可利用道路纵坡自然排水。

6.2.3.3 道路走向及线型

乡村道路走向应当是有利于创造良好的通风条件,同时为道路两侧的建筑创造良好的日照条件。道路路网的布置要与交通需求、建筑、风景点等相结合。

道路布局应顺应自然环境(地形、风向等)(图 6-2-4),尊重乡村传统道路格局,结合不同功能需求进行规划,提倡景观化、生态化的设计。设计中通过采用一些转弯道路、最小化直线道路的距离等措施降低车行速度,创造舒适的居住环境,如邻水的道路与水岸线结合,精心打造河岸景观,使其既是街道,又是游览休憩的地方(图 6-2-5)。

地形起伏较大的乡村,道路走向应与等高线接近平行或斜交布置,避免道路垂直切割等高线。当地面自然坡度较高时,可采用"之"字形布置,为避免行人行走距离远,在道路上盘旋,可与等高线垂直修建梯道。道路规划布置时,就算增加道路的长度也要尽可能绕过地理条件不好、难以施工的地段,这样不仅仅可以减小工期、节约资金,同时能够使道路平缓安全。地形较为平坦的乡村,更多的是要考虑避开不良地质与水文条件的地点。

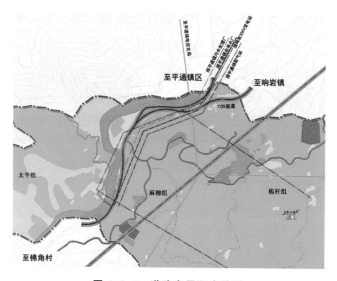

图 6-2-4　道路布局顺应地形
来源:邱婵,周子华.平武县平通镇桅杆村规划.四川众合规划设计有限公司,2015.

图 6-2-5　道路结合地形水系
来源:舒霖,王劲松.平武县大印镇皇庙村规划.四川众合规划设计有限公司,2015.

6.2.3.4　道路路网

乡村道路应尽量减少与过境公路的交叉,以保证过境公路交通的通畅、安全。乡村道路应避免错位的 T 字形交叉路口,已错位的 T 字形路口,在规划时应予以改造。

从乡域范围的土地利用而言,道路网的空间布局对于乡村土地利用的一个直接影响是增加了各个地块间的交通可达性。我国乡村建成区的道路路网布局常遵循"窄路幅"的原则,然而在重新进行道路规划的过程中,应适当提高路幅宽度,打通必要的道路关卡,突破由主要道路围合而成的"密闭村域",形成由次要道路与游步道分割围合、路网密度较高、公共服务设施就近配套的模式(图 6-2-6)。

村镇道路是乡镇与乡镇之间、乡镇内部各行政村之间、自然村与自然村之间以及乡镇与外部联络的非乡道以上的道路。村镇道路根据使用功能划分为主干路、支路和巷路。村镇道路按现行的《镇规划标准》(GB 50188—2007)的规定来规划,该标准适用于全国县级人

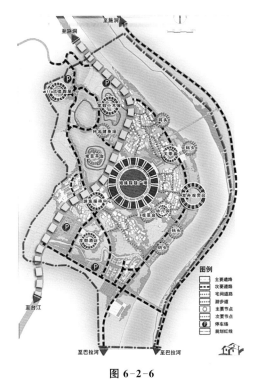

图 6-2-6
来源:雷一鹏.偏寨村美丽乡村示范村规划.贵州省城乡规划设计研究院,2013.

民政府驻地以外的镇规划,同时乡规划也可按该标准执行。但是《镇规划标准》(GB 50188—2007)没有对乡村道路规划技术指标提出标准要求,乡村道路规划指标仍在采用已废止了的《村镇规划标准》(GB 50188—1993)进行规划编制(表 6-2-2、表 6-2-3)。

表 6-2-2　镇区道路规划技术指标

规划技术指标	道路级别			
	主干路(一)	干路(二)	支路(三)	巷路(四)
计算行车速度(km/h)	40	30	20	—
道路红线宽度(m)	24～36	16～24	10～14	—
车行道宽度(m)	14～24	10～14	6～7	3.5
每侧人行道宽度(m)	4～6	3～5	0～3	0
道路间距(m)	≥500	250～500	120～300	60～150

来源:《镇规划标准》(GB 50188—2007)。
注:表中一、二、三级道路用地按红线宽度计算,四级道路按车行道宽度计算。

表 6-2-3　村镇道路系统组成

规划规模分级	道路分级			
	一	二	三	四
大型	●	●	●	●
中型	○	●	●	●
小型	—	●	●	●
大型	—	●	●	●
中型	—	●	●	●
小型	—	○	●	●
大型	—	○	●	●
中型	—	—	●	●
小型	—	—	●	●
大型	—	—	●	●
中型	—	—	○	●
小型	—	—	—	●

来源:《村镇规划标准》(GB 50188—1993)。

注:表中●——应设的级别;○——可设的级别。

一定程度上,道路网的密度越大,交通联系就越便利;但是密度过大会增加交叉口的数量,影响通行能力,可能会造成交通拥堵的状况,同时也会增加资金的投入,不利于乡村道路建设。道路路网布置需考虑交通便利,村民步行不会绕远路,交叉口间距不宜太短,避免交叉口过密的问题。按村庄的不同层次与规模分别采取不同等级的道路,如中心村应采用三级和四级道路,大型中心村可采用二级道路,大型基层村应设三级与四级道路。实际规划中,道路间距应结合现状、地形环境来布置,不应机械地按规定布置。特别是山区道路网密度更应该因地制宜,其间距可考虑在 150～500 m 之间,为提升旅游特色和村镇交通便捷度以及可达性,要求特色乡村的主要车行道路网能够半小时内到达相邻村庄。

道路网密度一般从乡村中心向近郊地区,从建成区到新区逐渐降低,建成区密度较大,近郊区及新区较低,以适应村民出行流量及流向分布变化的规律(图 6-2-7)。

图 6-2-7　路网布局

来源:成都市镇(乡)及村庄规划技术导则.成都市规划管理局,2015.

6.2.3.5 道路系统形式

常见的道路路网形式有自由式、环状放射式、方格网式和混合式四类。过境公路轴线附近往往是乡镇空间生长的最佳区位,但是在村镇主要入口处,要通过交通节点处理,对过境交通进行分流引导,对原有交通性道路、生活性道路等进行等级分工,以避免其相互干扰;新区的建设发展应修建过境绕行道路(表6-2-4)。

表6-2-4 乡村道路路网形式比较分析

形式分类	优点	缺点	适用性
自由式	不拘一格、与地形结合充分,线形生动活泼,对环境和景观破坏较少,可节约工程造价	路线弯曲、不规则,绕行距离较大,建筑用地较分散,影响工程管线布置	山区、丘陵等地形复杂地区
环状放射式	对内对外交通联系便捷	不易识别方向,有的地区联系需绕行,容易造成中心区交通过于集中,出现交通拥堵现象	规模较大的乡村
方格网式(棋盘室)	划分街道整齐,布局紧凑,有利于沿街建筑布置,交通分散,灵活性好,有利于缓解中心区道路压力	道路主次不明确,交叉口数量多,对角线方向交通不方便,不利于车辆行驶	地形简单、较为平坦的乡村
混合式	综合各个布置方式的优点,与地形、地貌等自然环境、人文环境相结合,因地制宜地组织交通		各种地形的乡村

来源:编者自绘。

6.2.3.6 道路断面

道路断面设计主要对车行道宽度进行控制,根据道路功能、地形环境等灵活确定道路红线宽度。乡村道路提倡一块板混合断面形式,也可采用不等高、不对称的断面形式(图6-2-8),市政管线宜设置在人行道或两侧绿带内。

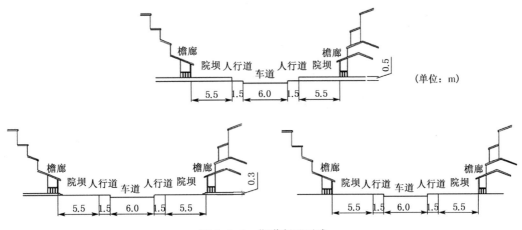

图6-2-8 街道断面形式

来源:广元万源片区城市设计.重庆市规划设计研究院四川分院,2006.

6.2.3.7 道路铺装

道路铺装对于乡村建设中更好地继承和发扬传统的乡土文化,改善乡村生态景观环境,提升乡村文化品位和促进农村生态经济协调发展起着不可忽视的作用。乡村道路可根据当地特点,因地制宜地选取材料进行硬化。主要道路路面宜采用沥青混凝土路面、水泥混凝土路面、块石路面等形式,平原区排水困难或多雨地区的村庄,宜采用水泥混凝土或块石路面。次要道路路面铺装宜采用沥青混凝土路面、水泥混凝土路面、块石路面及预制混凝土方砖路面等形式。游步道及宅间路路面铺装宜采用水泥混凝土路面、石材路面、预制混凝土方砖路面、无机结合料稳定路面及其他适合的地方材料。

6.3 道路设施规划

6.3.1 停车场及公交车站点

6.3.1.1 停车场

乡村停车场应结合当地社会经济发展情况酌情布置,应考虑配置农用车辆停放场所。停车场的出入口应有良好的视野,机动车停车场车位指标大于 50 个时,出入口不得少于 2 个,出入口之间的净距不得小于 7 m。根据相关规定,设计停车位时应以占地面积小、疏散方便、保证安全为原则,合理、灵活地为将来可能的汽车数量的增长预留空间。乡村公共停车场场地铺装宜使用透水砖、嵌草砖等渗透性良好的材料,即布置生态停车场(图 6-3-1)。

图 6-3-1 生态型停车场
来源:百度图片。

图 6-3-2 港湾式停靠站
来源:上海市青浦区美丽乡村建设技术指引.上海市青浦区新农村建设领导小组办公室,2015.

6.3.1.2 公交车站点

乡村发展到一定的程度,在考虑到经济等各方面的条件下,可纳入公交服务系统,设置公交车停靠站点(图 6-3-2)。例如在以旅游业为主体产业的乡村设置首末公交站点各一个,不过分追求设置多个站点,要既方便交通运输服务,有利于增加旅游人口,又不会造成资源浪费。

6.3.2 安全防护设施

6.3.2.1 交通信号、标志、标线

交通信号是指挥行人、车辆前进、停止、转弯的特定信号,各种信号都有各自的表示方式,其作用在于对道路各方的车辆科学地分配行驶权利,在时间上将相互冲突的交通流分离,使车辆安全、有序地通行,减少交通拥堵。交通信号灯主要布置在城市或者交通状况复杂的地点,乡村道路系统中,因乡村交通相对简单,交通信号布置极为少见。

道路交通标志是用图形、文字、符号、颜色向交通参与者传递的信息,为道路使用者及时提供道路有关情况的无声语言,用于管理交通设施。标志的设置距离、版面大小、设置位置应根据当地习惯、行车速度来设计。乡村标志的设置应贯彻简洁、实用、美观、实事求是的原则,并适当进行简化。

道路交通标线是由道路路面上的线条、箭头、文字、路边线轮廓等构成的交通安全设施,其作用在于管制和引导交通,可与交通标志配合使用,也可单独使用。

乡村道路建设中,交通信号灯、标志与标线都较为缺失,在重新规划的过程中,需严格遵循国家标准,设置标志与标线合理引导乡村交通。乡村的道路在通过学校、集市、商店等行人较多的路段时,应设置限制速度、注意行人等标志及减速坎、减速丘等减速设施,并配合划定人行横道线,也可设置其他交通设施[①]。

6.3.2.2 护栏

公路穿越乡村时,村落入口应设置标志,道路两侧应设置宅路分离挡墙、护栏等防护设施。乡村道路有滨河路及路侧地形陡峭等危险路段时,应设置护栏标志路界,对行驶车辆起到警示和保护作用。护栏可采用垛式、墙式及栏式等多种形式。

---

① 隔离栅、视线诱导标、防眩设施、照明设施、警示柱。

7 乡村公共服务设施规划

7.1 乡村公共服务设施均等化

中国的乡村素来地域广阔,在地理条件、物产种类、历史文化、经济发展等方面与城市有着明显差异。就公共服务设施而言,存在城乡公共服务设施不均等化的问题,其主要表现在公共服务设施规模、公共服务设施服务半径和公共服务设施类别不均等化三个方面。实现城乡公共服务设施均等化,不仅仅要求乡村在公共服务设施配置类别、服务半径、规模等方面制定适宜标准,更多的是落脚于实现乡村和城市在公共服务设施使用上的均等化。

7.1.1 公共服务设施概念

7.1.1.1 科学内涵

公共服务是指建立在一定社会共识基础上,根据国家经济社会发展的总体水平,为维持国家社会经济的稳定、社会正义和凝聚力,保护个人最基本的生存权和发展权,为实现人的全面发展所需要的基本社会条件。

公共服务设施是满足人们生存所需的基本条件,政府和社会为人民提供就业保障、养老保障、生活保障等;满足尊严和能力的需要,政府和社会为人们提供教育条件和文化服务;满足人们对身心健康的需求,政府及社会为人们提供健康保证。

7.1.1.2 基本类型

(1) 行政管理类。包括村镇党政机关、社会团体、管理机构、法庭等。以前通常把官府放在正轴线的中心位置,显示其权威,然而现代的乡村规划中常常把它们放在相对安静、交通便利的场所。随着体制的不断完善,现在的行政中心多布置在乡村集中的公共服务中心处。

(2) 商业服务类。包括商场、百货店、超市、集贸市场、宾馆、酒楼、饭店、茶馆、小吃店、理发店等。商业服务类设施是与居民生活密切相关的行业,是乡村公共服务设施的重要组成部分。通常在聚居点周围布置小型生活类服务设施,在公共服务中心集中布置规模较大的综合类服务设施。

(3) 教育类。包括专科院校、职业中学与成人教育及培训机构、高级中学、初级中学、小学、幼儿园、托儿所等。教育类公共服务设施一直以来都占有重要意义,它的发展在一定程度上也影响着乡村的发展状况。

（4）金融保险类。包括银行、农村信用社、保险公司、投资公司等。随着我国经济的发展，金融保险行业将在公共服务中显得越来越重要。

（5）邮电信息类。包括邮政、电视、广播等。近年来网络在生活中的使用越来越广泛，信息技术的发展也促进着现代新农村的经济发展。

（6）文体科技类。包括文化站、影剧院、体育场、游乐健身场、活动中心、图书馆等。根据乡村的规模不同，设置的文化科技设施数量规模也有所不同。现今，乡村的文体科技类设施比较缺乏，这是由于文化、体育、娱乐、科技的功能地位没有受到重视所导致的。随着乡村的进一步发展，地方特色、地方民俗文化的发掘将会越来越重要。文体科技类设施的规划可结合乡村现状分散布置，也可形成文体中心，成组布置。

（7）医疗卫生福利类。包括医院、卫生院、防疫站、保健站、疗养院、敬老院、孤儿院等。随着村民对健康保健的需求不断增加，在乡村建立设备良好、科目齐全的医院是很有必要的。

（8）民族宗教类。包括寺庙、道观、教堂等，特别是少数民族地区，如回族、藏族、维吾尔族等地区，清真寺、喇嘛庙等在乡村规划中占有重要的地位。随着旅游业不断升温，对古寺庙的保护与利用需要特别关注。

（9）交通物流类。包括乡村的内部交通与对外交通，主要有道路、车站、码头等。人流、物流有序的流动也是乡村经济快速发展的重要基础。我国乡村交通设施一直以来相对落后，造成该现状的原因有很多，国家也在加紧建设各类交通设施。

7.1.2 城乡统筹下乡村公共服务设施均等化的发展

与城市公共服务设施相比，乡村地区的公共服务设施配置在规模、服务半径、种类量化上，反映出城乡的不均等化。为实现城乡统筹规划下乡村公共服务设施的均等化，首先，要在乡村地区满足农民享受公共设施服务半径的均等化；其次，满足农民享受多种公共设施项目的均等化；最后，满足农民享受公共设施规模上的均等化。

7.1.2.1 分级别——公共服务设施全覆盖

根据镇域乡村体系层次的划分情况，自上而下可分为中心镇、一般镇、中心村和基层村。乡在我国行政等级体系中相当于一般镇，中心镇则表示规模相对较大的镇区，其布置要求首先需要满足乡村地区人口需求，也要与其职能相适应，在不同级别下要有不同的服务半径。乡村公共服务设施服务半径的空间全覆盖是一个必然的趋势。村民所享受公共服务设施平等性，与其所处人口密度、地区经济相互关联。自"十八大"提出国家在乡村公共服务设施上实行均等化制度后，农民与农民之间享受公共服务设施机会的平等性得以加强。乡村需要按照不同人口规模分级来配置公共设施，对乡村人口规模进行分级，才能实现公共服务设施在乡村地区的全覆盖，才能进一步满足村民在公共服务设施上的均等化要求（表7-1-1）。

表7-1-1 乡区、村庄规模分级

规划人口规模分级	镇区（人）	村庄（人）
特大型	＞50 000	＞1 000
大型	30 001～50 000	601～1 000
中型	10 001～30 000	201～600
小型	≤10 000	≤200

来源：《镇规划标准》(GB 50188—2007)。

7.1.2.2 分类别——公共服务设施全方位

公共服务设施的类别有很多种，包括行政管理、教育机构、文体科技类等。在保证各类公共服务设施使用方便的情况下，结合乡村公共服务设施现状调查，乡村可以采用就近原则，分散布置与村民日常生活紧密相关、使用频率较高的公共服务设施，集中布置规模较大、综合性较强的公共服务设施，以体现公共服务设施便民性（表7-1-2）。

表7-1-2 公共设施项目配置

类别	项目	中心镇	一般镇
一、行政管理	1. 党政、团体机构	●	●
	2. 法庭	○	—
	3. 各专项管理机构	●	●
	4. 居委会	●	●
二、教育机构	5. 专科院校	○	—
	6. 职业学校、成人教育及培训机构	○	○
	7. 高级中学	●	○
	8. 初级中学	●	●
	9. 小学	●	●
	10. 幼儿园、托儿所	●	●
三、文体科技	11. 文化站(室)、青少年及老年之家	●	●
	12. 体育场馆	●	○
	13. 科技站	●	○
	14. 图书馆、展览馆、博物馆	●	○
	15. 影剧院、游乐健身场	●	○
	16. 广播电视台(站)	●	○
四、医疗保健	17. 计划生育站(组)	●	●
	18. 防疫站、卫生监督站	●	●
	19. 医院、卫生院、保健站	●	○
	20. 休、疗养院	○	—
	21. 专科诊所	○	○

续表

类别	项目	中心镇	一般镇
五、商业金融	22. 百货店、食品店、超市	●	
	23. 生产资料、建材、日杂商店	●	
	24. 粮油店	●	
	25. 药店	●	
	26. 燃料店(站)	●	
	27. 文化用品店	●	
	28. 书店	●	
	29. 综合商店	●	
	30. 宾馆、旅店	●	
	31. 饭店、饮食店、茶馆	●	
	32. 理发馆、浴室、照相馆	●	
	33. 综合服务站	●	
	34. 银行、信用社、保险机构	●	
六、集贸市场	35. 百货市场	●	●
	36. 蔬菜、果品、副食市场	●	●
	37. 粮油、土特产、畜、禽、水产市场	根据镇的特点和发展需要设置	
	38. 燃料、建材家具、生产资料市场		
	39. 其他专业市场		

来源:《镇规划标准》(GB 50188—2007),有改动。
注:表中●——应设的项目;○——可设的项目。

7.1.2.3　定指标——公共服务设施满足量

乡村公共服务设施的定额指标,可参照表 7-1-3,确定各类设施用地指标。

表 7-1-3　公共设施用地标准

村镇层次	规划规模分级	各类公共建筑人均用地面积指标(m²/人)				
		行政管理	教育机构	文体科技	医疗保健	商业金融
中心镇	大型	0.3~1.5	2.5~10.0	0.8~6.5	0.3~1.3	1.6~4.6
	中型	0.4~2.0	3.1~12.0	0.9~5.3	0.3~1.6	1.8~5.5
	小型	0.5~2.2	4.3~14.0	1.0~4.2	0.3~1.9	2.0~6.4
一般镇	大型	0.2~1.9	3.0~9.0	0.7~4.1	0.3~1.2	0.8~4.4
	中型	0.3~2.2	3.2~10.0	0.9~3.7	0.3~1.5	0.9~4.8
	小型	0.4~2.5	3.4~11.0	1.1~3.3	0.3~1.8	1.0~4.8
中心村	大型	0.1~0.4	1.5~5.0	0.3~1.6	0.1~0.3	0.2~0.6
	中型	0.12~0.5	2.6~6.0	0.3~2.0	0.1~0.3	0.2~0.6

来源:《镇规划标准》(GB 50188—2007)。

7.2 乡村公共服务设施规划的原则与方法

7.2.1 乡村公共服务设施规划的理念与原则

（1）城乡统筹发展原则。乡村公共服务设施规划属于村庄规划的一部分,应当顺从统筹规划趋势,协调并利用城市设施资源,合理配置,从而实现资源的共享和综合利用,实现城乡公共服务设施的一体化。

（2）以人为本原则。公共服务设施的布局需要考虑城乡居民点布局和城乡交通体系规划,以现实条件为基础,改善乡村中那些基本的以及急需的公共服务设施,同时还需要注意贴近村民,使村民的乡村生活更加便捷,从而创造美好的人居环境,为和谐社会创造条件。

（3）近期与远期兼顾原则。在考虑当下对公共服务设施需求时,需考虑乡村地区未来人口分布变化、城乡人口趋于老龄化和农村人口逐渐向城镇转移的趋势。

（4）因地制宜原则。参照地区相关标准,结合现实条件与发展趋势,规划有特色的公共服务设施种类与方案,在规划布局上不宜照搬其他地区模式,以免造成千村一面的局面。

（5）集中布置原则。乡村公共服务设施应布置在村民聚居点处,同时需要考虑各个公共服务设施之间的相互联系,将各类设施集中布置以利于让公共服务设施与村民生活紧密结合在一起。如文化体育设施、行政管理设施可适当结合乡村的公共绿地和公共广场集中布置,从而形成公共服务中心,为村民的休闲、娱乐、体育锻炼、交流等各方面的需求提供便利。

7.2.2 乡村公共服务设施规划的布局与方法

乡村公共服务设施规划的布局不仅仅是物质空间的布置问题,还包括对国家对乡村公共服务体制的改革,以及财政管理、行政管理体制的改革。因此,在进行乡村公共服务设施规划时,需要结合国家现行的规范标准及规划编制方法等。

7.2.2.1 空间布局指引

（1）优化配置。选择相应级别的公共服务设施类型,按适宜的规模进行优化配置。政府管理机构、学校、医疗设施等公共服务设施是分级设置的,相应的分级配置标准应因地制宜,需要基于地方需求合理分配。福利院、老人活动中心、文化站、图书馆等公益性设施则有明确的分级标准。商业服务、休闲娱乐设施可参照标准进行配置,但也需要根据乡村具体性质与市场需求[①]灵活调整(图7-2-1)。

（2）合理的服务半径。服务半径的确定需要与乡村的管理体制改革相结合。特别是管理型、公益型的公共服务设施,它的分级配置不同,其服务半径也不同。例如中学和小学的服务半径,面向的区域范围不同,其标准也不同。

---

① 人口规模、经济发展条件、接受城镇公共服务设施辐射程度。

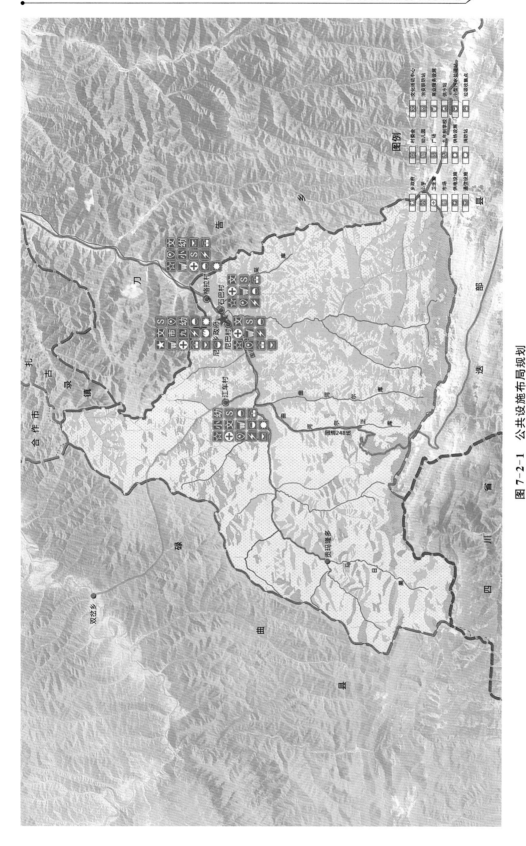

图 7-2-1　公共设施布局规划

来源：罗震，舒金妮. 甘南中部车巴沟流域特困片区村庄建设规划. 甘肃省城乡规划设计研究院，2015.

（3）配合交通组织。各类公共服务设施的位置选择、规模大小、服务对象与交通组织密切相关。例如，行政管理机构需位于交通便利的位置，以方便公务的执行；商业服务类由于经营的范围不同，对客货车流量应分别考虑；过境路宜迁移至乡村边缘，而商业服务设施宜布置在生活性道路两侧。

（4）突出地方特色。乡村的公共服务设施一般位于其最重要的位置，它的规模大小、集中程度，往往能够展现乡村的主要风貌特色，所以应结合乡村绿化、景观系统规划，在公共服务设施布局中重视景观节点的作用，并结合主要道路、街景设计、建筑风格设计，充分发掘当地特色，使乡村风貌规范化、特色化、整体化。

（5）开发强度控制。乡村公共设施的规划要从建设的可行性出发，因地制宜，控制开发强度。

7.2.2.2 商业服务类布局方法

（1）街道式布局

可分为三种形式：

① 沿主要道路两旁呈线形布置。乡村的主干道居民出行方便，中心地带商业集中，有利于街面风貌的形成，加之人流量大、购买力集中，容易取得较高的经济效益。沿街道两侧线形布置，需要考虑公共服务设施的使用功能相互联系，在街道的一侧成组布置，避免人流频繁穿越街道的情况。这种布局的缺点是存在交通混乱的隐患，可能会出现行人车辆混行、商家占道经营等问题，导致交通堵塞，引发交通事故。

② 沿主干道单侧线形布置。将人流大的公共建筑布置在街道的单侧，另一侧建少量建筑或仅布置绿化带，即俗称的"半边街"，这样布置的景观效果更好，人车流分开，安全性、舒适性更高，对于交通的组织也方便有利。当街道过长时，可以采取分段布置，并根据不同的"休息区"设置街心花园、休憩场所，与"流动区"区分开来，闹静结合，使街道更有层次。这种布局的缺点是流线可能会过长，带来不便。它适用于小规模、性质较单一的商业区。

③ 建立步行街。步行街宜布置在交通主干道一侧。在营业时间内禁止车辆通行，避免安全问题的发生。这种布局中街道的尺寸不宜过宽，旁边建筑的高宽必须适度。

（2）组团式布局

这是乡村公共服务设施规划的传统布置手法之一，也就是在区域范围内形成一个公共服务功能的组团，即市场。其市场内的交通，常以网状式布置，沿街道两旁布置店面。因为相对集中，所以使用方便，并且安全，形成的街景也较为丰富，如综合市场、小型剧场、茶楼商店等。

（3）广场式布局

在规模较大的乡村，可结合中心广场、道路性质、商业特点、当地的特色产业形成一个公共服务中心，同时也是景观节点。结合广场布置公共服务设施，大致可分为三类：一是三面开敞式，广场一侧有一个视觉景观很好的建筑，与周围环境的自然景观相互渗透、融合，形成有机的整体；二是四面围合式，适用于小型广场，以广场为中心，四面建筑围合，其封闭感较强，宜做集会场所；三是部分围合式，广场的临山水面作为开敞面，这样布置有良好的视线导向性，景观效果较好。

7.2.2.3 行政管理类布局方式

行政办公建筑一般位于乡村的中心交通便利处，有的也将办公建筑布置在新开发地区

以带动新区经济、吸引投资。它们的功能类型、使用对象相对单一,布置形式大致有两种:

(1)围合式布局。以政府为主要中轴线,派出所、建设部门、土地管理部门、农林部门、水电管理部门、工商税务部门、粮食管理部门等单位围合布置。

(2)沿街式布局。沿街道两侧布置,办公区相对紧凑,但人车混行,容易造成交通拥堵;沿街道一侧布置,办公区线型①容易过长,不利于办事人员使用,但是有利于交通的组织。另外行政管理类设施周围不宜布置商业服务类设施,以避免人声嘈杂,影响办公环境。

7.2.2.4 教育类布局方式

(1)幼儿园、托儿所的布局方式。幼儿园、托儿所是人们活动密集的公共建筑,需要考虑家长接送幼儿的方便快捷,对周围环境的要求较高,需布置在远离商业、交通便利、环境安静的地方。同时,在考虑儿童游戏场地时,需注意相邻道路的安全性。一般采用的布局方式有:集中在乡村中心、分散在住宅组团内部、分散在住宅组团之间。

(2)中小学的布局方式。小学的服务半径不宜大于 500 m,中学的服务半径不宜大于 1 000 m。要临近乡村的住宅区,又要与住宅有一定间隔,避免影响居民的生活环境,可布置在乡村街道的一侧、乡村街道转角处、乡村公共服务中心等。

7.2.2.5 文体科技类布局方式

文体科技类的公共服务设施一般人流较集中,在布局时需要有较大的停车场,建筑形式上应丰富而有层次,能够体现当地的文化、民俗特色,建筑的规模大小应根据乡村的规模相应设定。

7.2.2.6 医疗保健类布局方式

这类设施对环境要求较高,布置方式较为单一。卫生院包括门诊部和住院部,门诊部的设计需要考虑供人流疏散的前广场,住院部则要求环境良好、安静、舒适。敬老院的布置需要考虑室外的活动区、老人休息区,要求远离嘈杂地区、日照良好。

---

① 公共人流交通线、内部工作流线、辅助供应交通流线。

8　乡村产业发展规划

8.1　乡村产业发展及分类

8.1.1　我国乡村产业发展

8.1.1.1　我国乡村产业发展现状与存在的问题

我国是一个发展中国家,乡村地域广阔、人口众多。自改革开放以来,我国乡村发展取得了举世瞩目的成就,但是城乡二元结构问题依旧严峻,农村基础设施落后、农民居住环境较差、经济发展落后的现状仍然没有得到根本解决。

（1）农村第一产业存在的问题

我国存在农业产业结构不合理及农业产业化问题。农村第一产业结构中存在的问题是:第一,农业生产结构与市场需求结构的矛盾非常突出,供求机制和价格机制的作用使得农业增产目标和农民增收目标不一致,农业面临农产品的品种结构和品质结构不合理这样一个深层次的结构问题;第二,农林牧渔各业内部结构不合理——种植业比重高、养殖业比重低,粮食作物比重大、经济作物比重小;第三,农业区域性结构雷同,地区比较优势未能得到充分发挥,特色经济不突出;第四,农业产业化经营发展缓慢,农业产业结构调整缺乏科技支撑,劳动者文化素质低、商品意识差,农业基本上还属于"靠天吃饭"的传统农业。

由于农业基础设施落后,农业产业结构不合理,农业产业化程度低、规模小、组织化程度低、产销脱节,再加上农业服务体系不健全——服务队伍不强、服务面窄、服务的责任感不强,这些因素极大地制约了农村经济发展方式的转变。

（2）农村第二产业存在的问题

2005年,陈保国提出我国农村第二产业尤其是工业存在的问题是:农村工业结构与城市工业的重复率高,特色工业少,不能充分发挥农村工业的比较优势;农村工业与农业的关联度很低,不能使绝大多数农产品就地加工增值;企业组织结构不合理,企业布局结构具有分散性。企业资产结构不合理,农村集体工业的传统产权制度已经不能适应市场竞争的新形势,并导致过高的负债与过低的盈利能力。农村工业企业的产品结构不能适应市场竞争要求,农村工业由于过度追求经济增长而导致农村粗放型经济增长模式、农业产品雷同,并对农村的生态环境造成了巨大影响。

（3）农村第三产业存在的问题

我国农村与城市经济发展极不平衡，农村与城市贫富差距较大，且农村居民的文化意识淡薄，导致农村第三产业发展相对落后。农村服务业发展水平不高、信息产业发展不足，在许多方面还留有空白。

8.1.1.2　新时代背景下的乡村产业发展

从"十二五"规划的建设社会主义新农村，到2013年中央1号文件提出要推进农村生态文明建设，努力建设美丽乡村。近年来，随着政府对美丽乡村建设的不断推进，涌现出了浙江安吉、福建长泰、贵州余庆等美丽乡村建设先进典型，农村公共服务水平不断提高，农民生产生活条件不断改善，农村面貌发生了很大的变化。

"美丽乡村"即为经济、政治、文化、社会和生态文明协调发展，且规划科学、生产发展、生活宽裕、乡风文明、村容整洁、管理民主、宜居宜业的可持续发展乡村（包括建制村和自然村）。要实现美丽乡村，"产村相融"、促进乡村产业化、产业经济一体化发展是前提。

2013年我国提出了建设"一带一路"的重大战略决策，"一带一路"的实施可以有效连接东部、中部和西部。这对农村基础设施的建设是一个契机，可以有效解决农村剩余劳动力的就业问题，拉动农村内需，促进农村第三产业的发展，进而从总体上推进农村产业结构的调整。

8.1.2　乡村产业分类及结构

8.1.2.1　乡村产业发展分类

（1）按照产业性质分类

按照产业性质，可分为物质生产部门及非物质生产部门。物质生产部门是指从事物质资料生产并创造物质财富的国民经济部门的总称，包括农业、工业、建筑业以及直接为生产服务的交通运输业、邮电业、商业等；非物质生产部门是指不直接生产商品或剩余价值的部门，包括科学、文化、教育、卫生、金融、保险、咨询等部门（表8-1-1）。

（2）从要素角度分类

按劳动、技术及资金密集程度，可分为劳动密集型产业、技术密集型产业和资金密集型产业等。

8.1.2.2　乡村产业结构

（1）乡村产业结构的概念及特征

乡村产业结构指乡村经济中产业组成要素的构成和各产业部门之间的相互联系与量的比例关系，其研究对象为乡村内的所有产业。乡村产业结构除了具有一般产业的层次性、相关性、相对性特征之外，还具有独特性：①农业始终是乡村产业结构的基础产业；②非农产业包括两大类，即为农业生产服务的生产资料供应业和农产品加工运输、销售业和为农民生活服务的工业、建筑业与商业服务业等；③随着乡村经济的发展，第一产业的发展速度必然慢于第二、三产业，所占比重不断下降；④农业种养殖结构中，适应高消费需求的产品部门发展迅速，如高档水果、蔬菜、观赏植物与花卉种植业等。

（2）乡村产业结构评价

乡村产业结构评价的目的在于促进产业结构合理化发展，这是区域开发的重要任务和核心内容之一。单一指标不能全面反映其合理化程度，必须建立相互关联的指标体系，进行系统全面的分析，这样才能客观反映产业结构的合理化程度。

① 产值结构指标。包括总产值、净产值、国内（国民）生产总值等指标，能在一定程度上综合反映乡村经济的部门结构。

② 劳动力结构指标。包括劳动力的部门构成、文化构成、性别构成、年龄构成与职业构成等。劳动力结构是反映乡村经济发展水平的重要的综合性指标。一般而言，农业生产的劳动力比重大，说明地区经济比较落后。

③ 结构变动度指标。它是用来衡量一个时期内所有产业部门结构比重变化快慢程度的指标。产业结构在短期内变化过快，表明乡村经济处于不平衡状态，存在经济波动；而在长期内变化不大，则表明经济发展缓慢、缺乏潜力。

表 8-1-1 产业分类

领域	产业		行业
物质生产领域	第一产业		农、林、牧、渔业
	第二产业		采矿业，制造业，电力、燃气及水的生产和供应业，建筑业
非物质生产领域	第三产业	流通部门	交通运输、仓储和邮政业，批发和零售业，住宿和餐饮业
		为生产和生活服务部门	信息传输、计算机服务和软件业，金融业，科学研究、技术服务和地质勘察业，水利、环境和公共设施管理业，房地产业，租赁和商务服务业，居民服务和其他服务业
		服务部门 为提高科学文化水平和居民素质服务部门	教育业，卫生、社会保障和社会福利业，文化、体育和娱乐业
		为公共需要服务部门	公共管理和社会组织、国际组织

来源：吴志强，李德华.城市规划原理.4版.北京：中国建筑工业出版社，2010.

8.2 乡村产业规划布局

8.2.1 基本原则

8.2.1.1 产业结构合理，有明显特色的主导产业

根据乡村资源环境，因村制宜地编制产业发展规划，注重传统文化的保护和传承，维护乡村风貌，突出地域特色，打造别具一格的乡村主导产业。在编制产业发展规划时，规划部门应根据地域特色和乡村规模结构合理设置第一、二、三产业，以主导产业为核心规划相关服务类产业，使当地形成完整的产业链结构，改善农村居民就业情况，提升农民生活质量。

8.2.1.2 发展高效生态农业

自改革开放以来,由于大力发展经济而不注重生态环境的保护,乡村的自然资源遭到严重的破坏。因此在乡村产业规划中减量淘汰资源型产业,保护当地的生态资源是当今社会发展的必然趋势。在政府提倡大众创业、万众创新的现代社会中,传统的农业模式也应该被改造,种养结合等新型农村制度应被积极推广。发展生态循环农业是乡村农业发展的方向,是农民优越生活的必然要求。推进农业规模化、标准化和产业经营化就是将乡村居民从以农业为主的劳动方式中解放出来,促使居民更好地从事主导产业以及相关产业的发展工作。

8.2.1.3 提升发展乡村服务业

当今社会,现代化服务业的发展水平是一个区域综合实力的重要体现,是一个乡村或地区繁荣程度的重要标志;加快发展现代乡村服务业对于转变经济增长方式、缓解乡村就业压力具有现实的重要意义。仅仅依靠第一产业发展已经不能满足乡村居民的生活要求,在制定乡村产业规划时,因村制宜,发展特色的休闲旅游服务业是带动乡村经济发展的一个重要出路,同时加强生产性服务业和生活性服务业的建设可以满足乡村主导产业的发展要求,以此来改善乡村居民的日常生活环境和生活质量。

8.2.1.4 构建产村相融的产村单元体系

在乡村产业发展规划中,立足于土地资源利用现状,从土地资源分配的公平与效率兼顾出发,因村制宜,寻找适合村庄生产发展的新模式,将农业与第二、第三产业联系起来,实现第一三产业联动,"居产贸游"一体,在村庄范围内构建产村相融的产村单元体系,实现产业和乡村的相融互动,将农民新村建设与发展特色农业产业有机结合,力争提前完成全面建设小康社会,努力促进农业增效、农民增收、农村更美,促进生态文明、产业提升、社会和谐。

8.2.2 产业规划布局

8.2.2.1 产业发展

(1)农业

农、林、牧、渔全面发展,避免农业类型单一。发展现代农业,积极推广新技术、机械化;发展种养大户、家庭农场、农民专业合作社等新型经营主体,科学、专业化养殖。发展现代林业,提倡种植高效生态的特色经济林果和花卉苗木;推广先进适用的林下经济模式,促进集约化、生态化生产。发展现代畜牧业,推广畜禽生态化、规模化养殖。沿海或水资源丰富的村庄,发展现代渔业,推广生态养殖、水产良种和渔业科技,落实休渔制度,促进捕捞业可持续发展。

(2)工业

结合产业发展规划,发展农副产品加工、林产品加工、手工制作等产业,提高农产品的附加值。引导工业企业进入工业园区,防止化工、印染、电镀等高污染、高能耗、高排放企业向农村转移。

(3)服务业

① 休闲旅游服务业

依托乡村自然资源、人文禀赋及产业特色,发展多样化的休闲旅游服务业,配套适当的基础设施。

② 生产生活性服务业

发展家政、商贸、美容美发、养老托幼等生活性服务业。鼓励发展农技推广、动植物疫病防控、农资供应、农业信息化、农业机械化、农产品流通、农业金融、保险服务等农业社会化服务业。

8.2.2.2 产业规划布局

(1)产业分区：以村庄的各种自然、文化等资源为依托，结合地区及村庄产业发展定位及策略，划定不同的产业发展片区，适当发挥相同产业的集聚效应，促进村庄经济增长(图8-2-1)。

(2)各类产业与其他基础设施、公共服务设施、居民点相结合布置。"产村一体""产村相融"，农业、服务型旅游业、工业互相结合发展(图8-2-2)。

8.3 乡村旅游产业规划

8.3.1 乡村旅游产业规划的概念及理念

8.3.1.1 乡村旅游产业规划的概念

乡村旅游是以农村为背景，通过乡村文化、生活和风光吸引旅游者来参加观光、度假、休闲、体验性质的旅游活动。乡村旅游规划是旅游规划的一种，从资源的角度而言，是以村落、郊野、田园等环境为依托，通过对资源的分析、对比，形成一种具有特色的发展方向。它将乡村旅游与产业发展相契合，重点发展"生态农业观光游""乡村度假休闲游""民俗文化体验游"等体现差异性的特色旅游产品。

8.3.1.2 乡村旅游产业规划的理念

(1)进行自然、文化等资源的梳理并形成旅游主题

在进行规划前，必须对当地的自然、文化等旅游资源进行梳理，坚持以特取胜，提升乡村旅游的文化品位。主题是在旅游资源梳理的基础上提炼的，是能够代表当地形象和理念的精华，也决定了不同的目标群体、消费模式和运营方式等。

(2)做好综合开发，形成可持续的商业运营模式

乡村旅游度假的发展，涉及农业、农民、农村、土地、地产等一系列问题，往往需要政府、投资商、农民三方合一，形成一个一体化方案。如何安排政府的支持因素，如何进行投资，如何调节农民与投资商的利益矛盾，如何实现持续盈利？这就需要形成一个完整的商业运营模式。

(3)以市场为导向，进行资源配置

对旅游资源进行分析与评估，形成旅游的主体，再分析市场的主体，即消费群体的年龄结构、职业结构、分布地域等。根据市场主体要求对基础设施、公共服务设施等进行配置。

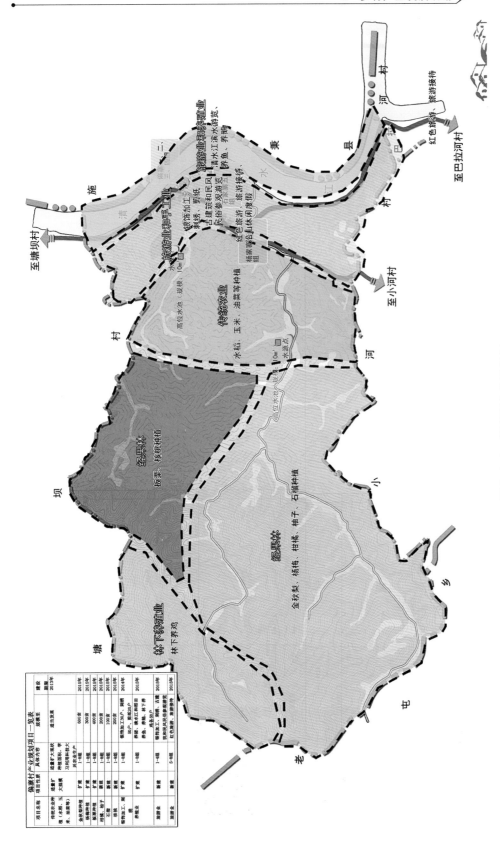

图 8-2-1 村庄产业分区规划

来源：雷一鹏. 偏寨村美丽乡村示范村规划. 贵州省城乡规划设计研究院，2013.

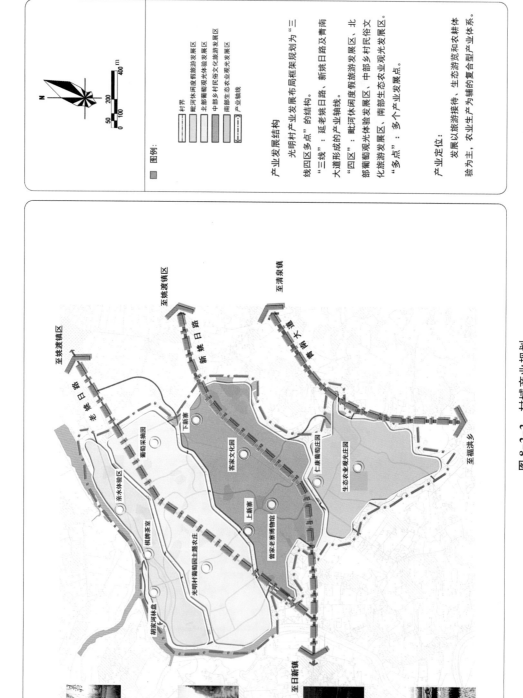

图例:

村界

毗河休闲度假旅游发展区

北部葡萄观光体验发展区

中部乡村民俗文化旅游发展区

南部生态农业观光发展区

产业轴线

产业发展结构

光明村产业发展布局框架规划为"三线四区多点"的结构。

"三线":延老姚日路、新姚日路及青南大道形成的产业轴线。

"四区":毗河休闲度假旅游发展区、北部葡萄观光体验发展区、中部乡村民俗文化旅游发展区、南部生态农业观光发展区。

"多点":多个产业发展点。

产业定位

发展以旅游接待、生态游览和农耕体验为主,农业生产为辅的复合型产业体系。

至姚渡镇区

至姚渡镇区

老姚日路

新姚日路

青南大道

至清泉镇

至福洪乡

至日新镇

下新寨

客家文化园

上新寨

曾家老寨博物馆

仁聚葡园庄园

生态农业观光园

葡萄采摘园

亲水体验区

棋牌茶室

胡家河林盘

光明村葡园主题农庄

毗河生态景观

光明葡园农庄

客家民俗文化

生态农业

图 8-2-2 村域产业规划

来源:邱娜,冯秋霜.青白江区姚渡镇光明村规划.四川省大卫设计有限公司,2015.

8.3.2 乡村旅游产业的类型

8.3.2.1 休闲农业观光

利用农业景观资源、农业生产过程、农民生活和农村生态,发展以观光、采摘、游钓、农作体验、享受乡土情趣等为主的休闲观光农业,按相关要求规范农家乐经营服务。

8.3.2.2 休闲度假旅游

发展以山水、地质遗迹资源、乡村、田园等景观为依托的休闲度假旅游,50个餐位以上的旅游餐馆,其设施与服务经营应符合《旅游餐馆设施与服务等级划分》(GB/T 26361—2010)的要求,适度发展家庭旅馆,鼓励发展高质量的乡村民宿。

8.3.2.3 特色文化旅游

注重传统乡土文化的培育与利用,结合乡土风情(包括农耕、生态、民俗、民居等),打造特色文化品牌,发展特色文化产业。

8.3.3 乡村旅游产业规划技术路线(图8-3-1)

8.3.3.1 规划准备和启动

主要工作包括:规划范围、规划期限、规划指导思想、确定规划的参与者、组织规划工作组、设计公众参与的工作框架、建立规划过程的协调保障机制等。

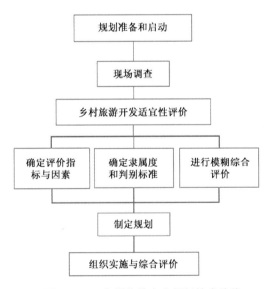

图 8-3-1 乡村旅游产业规划技术路线
来源:编者自绘。

8.3.3.2 现场调查

主要工作包括:乡村基本情况、乡村旅游资源普查,产业发展现状调查,尤其是旅游产业发展的情况。

8.3.3.3　乡村旅游开发适宜性评价

（1）确定评价指标与因素；

（2）确定隶属度和判别标准；

（3）进行模糊综合评价。

8.3.3.4　制定规划

制定规划是构建乡村旅游规划内容体系的核心。它是依据发展乡村旅游的总体思路，提出乡村旅游发展的具体措施，包括乡村旅游产品策划与开发、土地利用规划与环境容量、支持保障体系等。

8.3.3.5　组织实施与综合评价

依据乡村旅游规划的具体内容，搞好乡村旅游规划管理。根据经济、社会、环境效益情况进行综合评价，并及时做到信息反馈，以便对规划内容进行适时的补充、调整和提升。

由于规划受到当地社会经济发展水平、政府部门结构及行政级别等因素的影响，特定地方的规划评价，特别是其中的某些环节，要视具体乡村旅游规划具体对待（图 8-3-1）。

9 乡村历史环境和传统风貌保护规划

9.1 乡村历史环境和传统风貌保护规划的概念和特点

9.1.1 乡村历史环境和传统风貌保护规划的概念

乡村历史环境和传统风貌保护规划是通过对乡村历史文脉进行挖掘,从而引导乡村形成富有个性魅力的空间形态的专项规划。它结合了乡村现有的各项规划,并与它们有机衔接、相互协调,是对乡村法定性规划的补充和深化。

9.1.2 乡村历史环境和传统风貌保护规划的特点

9.1.2.1 规划成果的非法定性

所谓法定规划,是依据一定的法定内容所制定,并通过一定的法定程序而形成的规划实施依据系统。随着经济转型和新型城镇化的深入,《中华人民共和国城乡规划法》中相应的法定规划体系已不能满足当前乡村发展的要求,非法定规划的种类和数量上升,如都市圈规划、战略规划、概念规划、社区规划、美丽乡村规划等。

乡村历史环境和传统风貌保护规划就是在此背景下产生的一类非法定性规划,目前还没有统一的编制标准和评价准则。

9.1.2.2 规划方法的客观性

规划方法的客观性主要体现在:乡村历史环境和传统风貌保护规划可介入乡村规划的各个阶段,是在法定规划的指导下形成的专项规划;规划方法上运用了总体规划、详细规划、乡村设计、历史文化名城保护规划等规划的方法,借鉴了战略规划、概念规划的一些手段。乡村历史环境和传统风貌保护规划以现有的各项规划为基础,全面分析乡村现有各类资源,以塑造乡村风貌特色为宗旨,具体而详尽地探讨乡村风貌特色的塑造。因此,乡村历史环境和传统风貌保护规划更需要强调实施过程中的可操作性。

9.2 乡村历史环境和传统风貌保护规划的编制原则

9.2.1 区域协调原则

（1）资源整合

依据生态保护的原理，用点、线、面相结合的方式，将区域内的乡村组建成几条能够充分体现当地特色文化的路线。也就是说，将各个乡村和沿线历史资源联系在一起，以文化保护带的形式串联沿线各点，可结合区域旅游业的发展，展示乡村当地特色文化。

（2）生态共育

目前，生态环境保护逐渐得到重视，对乡村的环境改善和特色文化品牌打造起到重要作用。空气清新、环境舒适是乡村的重要特色，也是村庄发展的重要依托。但乡村具有明显离散分布的特点，因此若要打造特色文化旅游路线，则需将乡村之间用生态廊道联系起来，以达到生态共育的效果，进而让游客们可以有更完美的旅游感受。

（3）设施共享

结合周边旅游产业的发展，借力外部力量，提升基础设施水平，完善道路、污水处理、环卫等基础设施的建设，是村庄环境综合整治、优化人居环境的重要组成部分。同时，借助周边逐渐得到市场认可的旅游度假产品，通过历史文化资源的进一步挖掘和旅游服务功能的配套，结合乡村旅游的特点，与周边高端旅游产品相错位，形成互补，避免求大求新，建设适合乡村发展的各类公共设施和旅游设施。

9.2.2 特色塑造原则

（1）打造特色产业

突出历史文化特色和生态特色，开发乡村旅游、生态农业、文化教育等绿色产业，形成特色产业体系，提升产业结构，实现"以保护促发展、以发展求保护"的资源保护与村庄产业发展的双向联动效应。旅游开发是提高人们对历史文化遗产价值观认识、促进保护、形成保护与发展良性循环的有效途径，同时还能促进经济发展。乡村可利用自身的特色及优势，打造以农耕体验和休闲运动为特色的山水田园村落。

（2）整体特色体系

乡村一般由河流、道路或山地分割形成几个相对独立又联系密切的组团，这是乡村地区与周围自然环境融为一体的特点，不应强求规整统一。通过对组团之间农业用地的规划梳理，引导农业种植，形成以农业景观、农事操作活动和农俗体验活动为主题，富有乡土特色的农业观光体验功能区，使其成为各组团的联系纽带。

传统街巷是特色体系重要的组成部分，应保持原有空间尺度，不得随意拓宽。在规划中应保持两侧建筑的高度和体量，局部结合绿化、小品的配置改善环境，形成以农地为纽带、传统街巷为支撑的整体特色体系。

（3）特色游览线路

在进行乡村特色游览线路的规划时，规划人员应注重对乡村历史特色的研究。规划的特色游览线路有两条主题线路:历史文化游览线路和观光游览线路。历史文化游览线路可以将主要的历史资源以及历史特色文化组织起来,引导人们近距离地了解当地特色文化,使人们身临其境;观光游览线路将运动体验融入乡村特色文化中,将乡村的历史文化打造成旅游观光景观,这条线路适合休闲游览人群。这两条特色线路汇聚在村庄中心,串联起所有的精华。

同时,结合乡村特点可以沿天然的田间水系布设富有农家特色的田埂小径、自行车道、登山道和骑马道等,并沿途布设风雨亭等休憩设施,以形成完整的慢行系统,打造出特色的旅游观光线路。

(4)中心特色塑造

一般村庄中心是村庄最为精彩的部分。通过增加绿地率,采用乡土材料、乡土树种等方法,塑造历史气息、乡土气息浓厚的村庄中心。

9.2.3 分类整治原则

对于人口规模在千人以上的村庄,如果对其进行大面积的拆迁或改造,对地方政府和村民来讲都是沉重的负担。因此,对需要改造整治的建筑进行分类,集中财力、人力,有针对性地进行改造整治是切实可行的策略。

在乡村历史环境和传统风貌保护中,除了对村庄内少量传统建筑进行保护修缮外,将其余保留建筑分成修复、重点改造、局部改造、简单整治四类。对于能够体现乡村特色文化和传统风貌的建筑,应保留现状风貌,根据建筑情况进行局部修缮。重点改造建筑主要集中在村庄中心地段,主要是复原围合中心界面的建筑风貌,营造具有历史氛围的代表地段。局部改造建筑位于特色游览线路两侧,通过传统建筑符号的使用,整治住宅周边环境,形成具有特色的线性空间。简单整治建筑占全村建筑的多数,以住宅为主,大都位于村庄内部,对村庄风貌影响较小,可采取乡村历史环境和传统风貌保护的常规做法,尽量减少成本。

建筑的分类改造与整治既突出了重点,又避免了大规模造"假古董",大大降低了建设成本。

9.2.4 维护系统原则

(1)保障机制

村庄环境改善是一项持续性工作,稳定的长效机制是强有力的保障。建立村庄调控引导机制,倡导渐进式的保护与改造方式,鼓励在符合规划要求基础上的业主自修,对无力自修或对历史建筑置之不理的业主,可考虑由政府收购或置换房产。对需要搬迁的居民制定合理的搬迁政策,尊重民意,采取集中安置、就地安置或货币补偿等方式进行安置,既保护村民的基本利益不受损害,也有利于村庄的整体利益。

环境卫生对村庄面貌影响较大,应建立完善的环境卫生责任制度。对街巷保洁、垃圾管理、院内外责任区建立责任制,在村中划分卫生责任区,明确责任人,建立环境卫生保洁队伍,配备专门用具、用车并由专人负责。

(2)经费投入

村庄环境改善需要经济基础来支撑,实施整治和整治后的长效管理更需要一定的经费投入。在这个过程中,政府推动和投入固然不可少,但农村产业的发展、农民收入的增加才是真正的原动力。目前,我国村庄整治的经费来源主要为行政村出资和村民自筹两类,由省级乡村历史环境和传统风貌保护引导资金对直接组织实施乡村历史环境和传统风貌保护行动计划、直接承担乡村历史环境和传统风貌保护任务的县(市、区),按照乡村历史环境和传统风貌保护任务量采取以奖代补的方式予以补助,但行政村出资和村民自筹仍是村庄整治的主要经费来源,因此,村民的富裕程度和参与村庄整治的积极性在很大程度上决定了村庄整治的成效。

另外,政府还可拓宽投融资渠道,按照"谁投资、谁经营、谁受益"的原则,鼓励不同经济成分和投资主体以独资、合资、承包、租赁等多种形式参与乡村历史环境和传统风貌保护的工作中去。

(3)实施时序

村庄的环境提升应根据村庄的实际情况,有计划、有步骤地实施。应合理制定近期目标,切忌急于求成,进行详细的经济测算,加强投入产出的研究,制定分期分批实施计划。

9.2.5 公众参与原则

加大宣传力度,开展各种形式的宣传教育活动,增强村民的文物保护意识、卫生意识和文明意识,提高村民的积极性和主动性;将村庄整治与生产发展相结合,对村民进行生产技能培训,鼓励村民从事文化表演、手工艺制作、特色农业种植、旅游服务等职业;发展农家乐、家庭旅馆等旅游功能,鼓励原有村民回乡发展乡村旅游和休闲农业;鼓励村民增建栅栏及围墙,增加绿化,改善院落环境;通过乡村产业发展实现农民增收和集体经济的壮大,提升村庄自身的"造血"功能,使农民能实实在在地从中获益,进而更积极主动地参与乡村历史环境和传统风貌保护并自觉维护乡村历史环境和传统风貌保护的成果。

9.3 乡村历史环境和传统风貌保护规划的步骤及内容

9.3.1 乡村历史环境和传统风貌保护规划的编制步骤

乡村历史环境和传统风貌保护规划涉及文化、社会、经济、历史、地理、建筑、景观园林、乡村规划和设计等多学科的内容,在规划实践过程中,笔者对历史环境和传统风貌保护的编制方法进行了探索与创新,提出了包括前期调研、规划研究、规划实施大部分内容的历史环境和传统风貌保护的编制体系,力求使规划能够有重点、有层次地把握乡村总体风貌特征,使规划成果具有科学性和可操作性(图9-2-1)。

9.3.1.1 前期调研

前期调研包括:历史背景梳理、风貌现状分析、文化资源评价三部分。历史背景梳理是对历史环境传统风貌保护背景和相关理论概念进行研究,是规划的基础;风貌现状分析是对乡村土地利用、自然景观、人文景观等方面的现状进行分析,对构成乡村风貌特色的资源从自然环境、人工环境、人文环境三个方面进行系统挖掘、整理;文化资源评价是在资源调查的基础上,从乡村自然环境、建筑环境、乡村空间、乡村生活四方面对乡村资源风貌潜力进行评价。

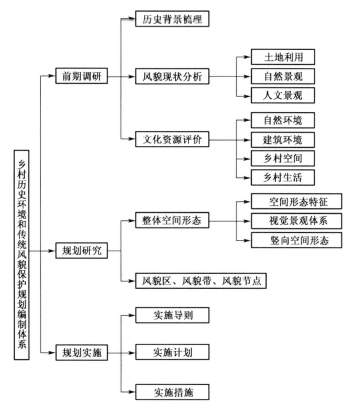

图 9-2-1　乡村历史环境和传统风貌保护规划编制体系
来源:编者自绘。

9.3.1.2　规划研究

规划研究是在前期调研成果的基础上,从宏观到微观、从整体到局部、从形象定位到物质空间设计,系统整合乡村风貌各个要素、结构和功能的关系,是历史环境和传统风貌保护的核心,包括乡村整体空间形态和风貌区、风貌带、风貌节点几个层次的内容。

乡村整体空间形态是通过对自然、历史文脉和现代乡村文化精神的挖掘,借鉴概念规划、总体规划的分析方法,对乡村风貌进行系统的定位,主要包括乡村空间形态特征、乡村视觉景观体系、乡村竖向空间形态三方面的内容。

乡村空间形态特征是指通过研究乡村的历史演变,制定乡村未来的发展方向、功能和结构布局,形成乡村空间各要素的合理布局。

乡村视觉景观体系是指采用构筑系统的方法,将构成风貌体系的要素通过点、线、面的结构组织起来,以点带线、以线促面,形成整体风貌系统。

乡村竖向空间形态是指通过建筑高度控制,形成和塑造一种乡村竖向空间上或高耸、或舒缓,错落有致的乡村风貌空间整体形象。

乡村风貌区、风貌带和风貌节点是对乡村整体空间形态的细化和落实。乡村风貌区是乡村风貌载体形成的最基本结构形式,例如乡村历史文化风貌区、现代商务区、现代居住生活区、旅游景观风貌区等,是反映乡村风貌与人文活动密切关联的特色区域,对这些区域进行特色定位和详细设计,有利于保护乡村肌理、营造乡村活力。

乡村风貌带,是指反映乡村风貌特色内涵的保护的线状乡村空间景观风貌,例如乡村的道路、河流等特色空间元素,对它们进行详细规划与设计,有利于形成乡村风貌轴线,加强乡村形象的可识别性。

乡村风貌节点,是对乡村风貌特征构成的一种浓缩后的集中体现,例如乡村广场、公园绿地、重要道路交汇点等。它们是人们感知乡村和判定方向的重要参照物,也是人流集散地,因此在乡村风貌节点设置雕塑、环境小品、路灯、休息亭等,开展各类文化活动和风俗节庆活动,有利于从多层面、多视角展现乡村文化特色风貌。

9.3.1.3 规划实施

规划实施是从乡村风貌角度,对规划区各项建设和规划提出一个从近期到远期、从宏观到微观、系统而综合的乡村整体建设方案,内容包括实施导则、实施计划和实施措施。其中实施导则是历史环境和传统风貌保护规划编制的重要创新,把规划研究的成果体现为导则形式进行实施控制,制定乡村历史环境和传统风貌保护规划的实施项目和实施办法,与其他规划和管理条例配合使用(图9-2-2、图9-2-3)。

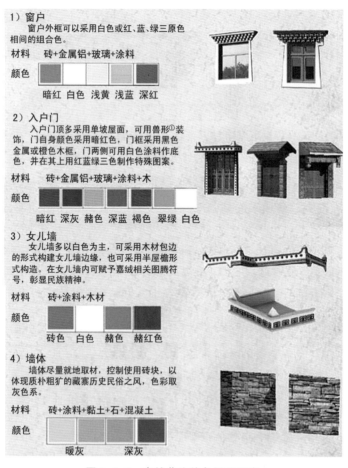

图 9-2-2 嘉绒藏族特色风貌研究

来源:陈雪梅,张雪莲.理县胆扎木沟建筑风貌改造方案.四川众合规划设计有限公司,2012.

图 9-2-3　建筑风貌改造

来源:陈雪梅,张雪莲.理县胆扎木沟建筑风貌改造方案.四川众合规划设计有限公司,2012.

9.3.2　乡村历史环境和传统风貌保护规划的编制内容

乡村历史环境和传统风貌的保护规划的宗旨既体现在对现有物质空间形态的保护,又体现在对历史文化的保护,具体体现为风格保护和意象保护。

风格保护就是将传统建筑中的一些重要的形式特征直接运用到新的设计之中,如传统建筑的屋顶形式、建筑材料、色彩、体量、门窗形式以及开间比例等;意象保护是将旧村落在长期的历史积淀中形成的文化元素,如古井、古树、古桥、门洞及造型突出的建筑合理利用到乡村历史环境和传统风貌保护的规划中,同时在乡村更新中应着重把握整体的环境意象,保持原空间的特色并使其得以延续。

10 乡村灾害与综合防灾减灾规划

10.1 乡村灾害概述

10.1.1 乡村灾害的定义及种类

10.1.1.1 乡村灾害的定义

乡村灾害是指由于发生不可控制或未加控制的因素造成的,对乡村和乡村系统中的生命财产和社会物质财富造成重大危害的自然事件和社会事件。

10.1.1.2 乡村灾害的种类

表 10-1-1 乡村灾害的种类

大类	中类	小类
自然灾害	地质类	地震、滑坡、泥石流、山崩、水土流失、火山爆发、荒漠化等
	气象类	海啸、台风、风暴潮、洪涝、干旱、大风、雷电、雪灾、低温冻害、沙尘暴、龙卷风、赤潮等
人为灾害	安全生产类	火灾、重大生产安全事故、爆炸等
	生命线系统类	交通事故、断电、停水、通信中断等
	环境公害类	水污染、土壤污染、大气污染、噪声等
	技术事故类	化学泄漏、核泄漏、重大航空灾害等
	卫生防疫类	食物中毒、传染性疾病等
	社会治安类	恐怖事件、群体性暴力事件、政治性骚乱等
	其他类	战争、林火、生物灾害、虫害、鼠害等

10.1.2 乡村灾害的特征

10.1.2.1 具有多样性、突发性、高灾损性特点

(1)多样性:地形、地貌、气候、水文等自然条件的多样化是灾害多样性的主要原因,灾害在种类、成灾形式、成灾时间等方面都呈现出多样化的特点。

(2)突发性和隐秘性:灾害的孕育和发展要经过相当长的演化过程,但形成灾害却往往

在顷刻之间,具有突发性。另外,有的灾害不仅发展演化较缓慢,而且承载时间长,比如水土流失、土地荒漠化等,往往是在人们不易察觉的情况下发生和发展,直至造成灾害损失,表现出隐蔽性的特点。

(3)高灾损性与难恢复性:1990—2008年的19年间,我国平均每年因各类自然灾害造成约3亿人次受灾,倒塌房屋300多万间,紧急转移安置人口900多万人次,直接经济损失2 000多亿元人民币。

10.1.2.2 具有高频度、连锁性、群发性的特点

(1)高频度与群发性:我国受季风气候影响十分强烈,气象灾害频繁,局地性或区域性干旱灾害几乎每年都会出现,东部沿海地区平均每年约有7个热带气旋登陆。

(2)连锁性:灾害的连锁反应往往会形成不同的灾害链,从而加深灾害的危害程度,扩大影响范围。

(3)强区域性:我国各省(自治区、直辖市)均不同程度受到自然灾害影响,70%以上的乡村、50%以上的人口分布在气象、地震、地质、海洋等自然灾害严重的地区。

10.1.2.3 乡村灾害发生机制复杂

除了地形地貌、地层岩性及地质构造等孕灾环境以外,一些乡村建设活动也较易引发新的灾害类型,如大规模的开山采石和开发活动,可能引发塌方、滑坡等地质灾害,生态环境的脆弱性也易导致大规模次生灾害的发生。

10.1.2.4 乡村防灾能力薄弱

乡村地区建筑抗灾能力弱,基础设施匮乏,相关的防灾工程建设标准低,甚至有相当一部分的乡村建设在灾害风险区以内,一旦遭受灾害,损失较为严重。同时,乡村地区经济基础较差,人群多为弱势群体,救灾设施及物资较为匮乏,灾后恢复的时间也较长。

10.2 乡村防灾规划概述

10.2.1 乡村防灾规划的定义

乡村防灾规划是乡村规划中为抵御地震、洪水、风灾等自然灾害保护村民生命财产而采取预防措施的规划的通称。它包括对灾害的监测、预报、防护、抗御、救援和灾后恢复重建等。

10.2.2 乡村防灾规划的背景

从我国乡村减灾应急管理的现实需求看,学科建设的迫切性表现在如下方面:我国大部分乡村分布在各类致灾因子作用下的灾害多发区,其中60%以上乡村的防洪标准低于国家的规定,50万人以上的大中城市有近60%分布在地震烈度Ⅶ度以上地区。由于城镇化进程的加速,乡村人为灾害与公共卫生事件、恐怖灾害都有增无减。乡村复杂的致灾规律及救灾难度系数的提高,使培养并需求专门化高端人才成为迫切需求。

2006年随着国务院应急管理规定及应急管理会议的召开,全国大中小乡村都在市政府

层面上成立了综合减灾管理机构,如政府的应急办;但笔者在参与其中的工作、调研及授课的过程中,深深感到从事应急管理技术的人员多数为非安全减灾的专业人员,从一定意义上讲他们并不具备必要的乡村减灾应急管理的基本素质。

在规划实践工作中,如果说规划编制可以靠外援,那么规划实施与管理就要有自己的专门人才了,所以规划设计主管部门缺少专门人才已是一个十分迫切的问题,应尽快改观。

10.2.3 乡村防灾规划的内容

10.2.3.1 乡村防灾规划体系

乡村防灾规划体系由灾前的防灾减灾工作、应急性防灾工作、灾时抗救工作、灾后工作四部分组成。各种防灾规划要相互配合,打破条块分割,避免各自为政,甚至互相矛盾或重复建设,还要从区域的范围来研究,如防洪规划不应停留在本乡村的防洪工程上,而应与该条河流的流域整治规划结合起来,上游进行水土保持,设蓄洪、拦洪设施,下游疏浚河道等。

10.2.3.2 乡村防灾规划要素

乡村防灾规划包括硬件和软件两个要素:在硬件方面,要布置安排各种防灾工程设施;在软件方面,要拟订乡村防灾的各种管理政策及指挥运作的体系,即灾害预防及灾害救护。乡村防灾规划包括:乡村防洪规划、乡村防火(消防)规划、乡村减轻灾害规划及乡村人民防空规划。而其中防灾规划的重点是生命线系统,电力是生命线系统的核心,主电网应形成环路,还应具备发电机以提高应急系统的可靠性;供水应采取分区供应,设置多水源;电讯要有线与无线相结合,保证防灾、救灾信息的传播及告示的发布。生命线系统是由长距离、可连续设施组成的,往往一处受灾,影响大片区域,所以应将生命线工程、结构物群当做一个整体规划和研究。

10.2.3.3 乡村防灾规划要点

(1)需要在更高层面规划或专项防灾规划的框架下,明确自身的防灾目标、防灾任务以及防灾策略与措施,在此基础上进行建设,完善区域防灾系统的防灾能力。

(2)坚持乡村防灾规划与乡村规划同步,乡村防灾规划是乡村规划中的专业规划的组成部分,要与乡村规划的不同步骤阶段相适应。

(3)在更高层面规划或专项防灾规划的框架下宏观调控防灾策略,微观上明确自身的防灾目标及防灾层次[①]。

(4)在防灾模式上,以乡村自救为核心。

(5)依据总体或专项防灾规划要求确定防灾标准。

10.2.3.4 乡村防灾规划措施

乡村防灾规划的措施包括两方面:一方面是政策性乡村防灾措施,如设立乡镇防汛指挥机构,增强乡镇应急处置能力;建立乡村信息接发平台,强化乡村预警系统建设;修

---

① 乡村防灾规划内容根据不同的空间尺度分为三个层次:区域性的乡村整体防灾空间布局、个体乡村的应急避灾空间规划、乡村防灾设施的建设。

编乡村防汛应急预案,有效应对突发自然灾害。另一方面是乡村工程性防灾措施,如健全乡村防汛责任体系,落实防汛责任到户到人;推行乡村社会保障机制,提升抗灾自救恢复能力。

10.3　乡村防灾空间规划

10.3.1　乡村防灾空间布局规划

10.3.1.1　一般地区防灾空间布局规划

乡村空间分布与安全布局应通过灾害环境及风险评估来确定灾害的类型:首先应研究历史资料,接着现场调查乡村过去发生灾害的证据,分析现有危害和安全漏洞,再研究文献或访问其他类似的乡村,并从国家和地区政府获得灾害相关信息;与此同时使用区域灾害地图,如地震、洪水、台风图,分析乡村地区是否在危险覆盖的范围内;还可使用灾害和突发事件列表清单,逐一确定潜在的灾害事件和灾害可能引起的次生灾害。灾害等级的确定也是相当重要的,分析灾害发生的可能性,预测灾害的后果,并进行风险评价,最后便是灾害风险图的绘制。

（1）建设选址与灾害避让

① 选址要点

Ⅰ. 地形地貌

陡崖、陡坡下不宜选址建设,若没有更好的地方备选,那也应该对此陡坡、陡崖的稳定性做出调查评估,确认无滑坡崩塌的危险后方可选址建设,并使建筑物与陡坡、陡崖间留出必要的安全空间。

河、湖陡坡边不宜建设,因为河、湖水冲刷岸坡,有可能不稳,易发生坍塌。若要建设,也要尽量远离河、湖岸边。

高河漫滩、低阶地上也不宜建设,因为容易受河水暴涨时淹没、冲刷。若要建设,应与当地水文、防洪部门联系,宜建在防洪规划确定的非防洪警戒水位以上。

Ⅱ. 地层岩性

岩质基础、砂砾石层基础较好,适宜建设选址;平缓地方的软土、淤泥基础,因承载力很小,不适宜建设选址;地形坡度 20°左右的土质基础也不太好,在水的作用下容易向坡下产生蠕变滑移,也不适宜建设选址。

Ⅲ. 地质构造

不能将工程设施的选址放在断层破碎带内,不能放在断层通过的高陡斜坡下,尽量与断裂带保持 50～100 m 的避让距离。

② 灾害避让

通过实地勘测划定危险退让区域,动员区域内的居民从房屋中搬迁,寻找临时避让灾害安置地点并为居民提供居住房屋。

（2）乡村道路网络规划

① 乡村道路须进行网络化布局,考虑设置应急避难通道及替代性道路的需求。

② 乡村道路应覆盖从乡(镇)、行政村到自然村范围内的主要居民点,并保证单个居民点至少有两个及以上的出入口。

③ 乡村道路应进行分级设置,确定干道、主要通道及次要通道,明确不同等级道路的宽度要求。

④ 乡村道路应确定功能类型,明确灾时避难及救援的需求,并依据功能配置相对应的道路交通设施。

⑤ 主要道路应避开灾害风险较高的区域,重点加强道路两侧灾害隐患点的治理,保障灾时畅通。

⑥ 乡村道路应重点连接应急避难场所、防灾指挥、医疗、物资储备等重要防灾设施,并保证灾时畅通。

⑦ 主要道路两侧建筑应满足退线及限高要求,并严格遵守防火规范。

(3)乡村防灾空间控制

① 洪涝

通过修筑堤坝,降低或解除乡村建设用地范围内的灾害风险;在沙地、盐碱地等未利用土地或地势较为低洼且农业经济价值较小的耕地、林地、草地或水域设置蓄洪或泄洪区,以降低洪水威胁。

② 地质灾害

主要针对滑坡、泥石流等地质灾害,通过修筑拦挡和排导工程,将灾害体引入经济价值较小且未利用用地、耕地、林地、草地,以降低其对乡村建设用地造成的损毁和对水造成截流的可能。

③ 人文灾害

人文灾害主要包括火灾、爆炸、危险品泄露等。在前期建设阶段通过选址,将消防重点单位、易燃易爆及危险品生产、储存单位布局在距离乡村建设用地较远的地区。

10.3.1.2 特殊地区防灾空间布局规划

(1)山区乡村的防灾空间布局要点

建设选址时,须进行灾害环境及风险评估,对山洪、滑坡、泥石流等山地灾害进行有效避让;建设活动应避免对自然环境的大规模改造,最大限度地保护山体水系;加强道路的防灾化建设,建立完善的应急避难通道体系;林区乡村还要考虑周边森林防火需求(图10-3-1)。

图10-3-1 山区山体滑坡
来源:百度图片。

（2）水网地区乡村防灾空间布局要点

① 水土保持

工程项目水土流失治理措施体系由临时措施、工程措施和植物措施 3 个部分组成。工程措施主要包括表土剥离工程、挡渣排水工程、土地整治工程、管堤复平工程、水工防护工程等方面；临时措施主要包括编织袋装土临时拦挡、密目防尘网临时苫盖和临时排水（排水沟等）等方面；植物措施包括站场绿化、弃土场绿化、部分作业带植被恢复等方面。

② 蓄洪与滞洪

蓄洪，就是指在汛期将洪水存起来以供使用。修建水库可以蓄洪，水库建成后，可起到防洪、蓄水灌溉、供水、发电、养鱼等作用。滞洪即是利用河流附近的湖泊、洼地或划定的区域，通过节制闸暂时停蓄洪水，待河槽中的流量减少到一定程度后，再经过泄水闸放归原河槽。

③ 修筑堤坝

加强流域内的水利工程建设是防御洪涝灾害的主要措施。

④ 整治河道

整治河道是按照河道演变规律，因势利导，调整、稳定河道主流位置，改善水流、泥沙运动和河床冲淤部位，以适应防洪、航运、供水、排水等国民经济建设要求的工程措施。河道整治包括控制和调整河势、裁弯取直、河道展宽和疏浚等，特别是对于水网农村地区，整治河道更是刻不容缓（图 10-3-2）。

图 10-3-2 河道疏通工程

来源：上海市青浦区美丽乡村建设技术指引. 上海市青浦区新农村建设领导小组办公室,2015.

10.3.2 乡村防灾设施规划

10.3.2.1 乡村防灾设施的类型

（1）防灾基础设施

防灾基础设施包括供水、排水、供电、电讯、燃气、供热、环卫等专业工程基础设施，可以进一步分为应急保障基础设施、重点设防基础设施和其他基础设施。

（2）医疗救护设施

医疗救护系统是指在灾害发生时，发挥救治伤员功能并进行卫生防疫的机构。主要依托于我国乡村的二级及二级以上的各类医院以及疾病控制中心、血库，必要时社区卫生服务中心和其他基层医疗卫生服务设施也需要承担医疗急救的功能。

医疗救护设施规模容量大,能够同时容纳大量伤员。特点是:

① 具有均衡性:医疗救护设施分布要均衡,能满足相应服务范围内人口的医疗救助需求及人口分布的空间对应关系。

② 具有可达性:为使灾害发生时医疗人员可以顺利抵达并进入灾区进行救助伤员,还要具有可达性。

③ 具有安全性:能使受助伤员接受治疗后能有效缓解伤势,并在医疗救护中心不会再受灾害威胁,保障伤员的人身安全。医疗救护设施对服务半径也有较高要求:作为病员的中长期收容场所,在灾害发生后,应急医疗设施系统的救护行动应于 4～6 min 黄金急救时间内对伤员做紧急处理,这将对拯救伤患者生命有决定性的影响。

(3)应急物资储备设施

应急物资储备设施主要包括物资储备、接收发放等地点。发放地点是指为求避难生活物资能有效运抵每一可能灾区并供灾民领用的各级避难场所。

10.3.2.2　防灾设施的布局要求

(1)选址于灾害风险区以外或灾害影响较小的地区,建筑抗震及防火性满足标准。

(2)具备良好的交通条件:与主要防灾道路相连,保障灾时畅通;与应急避难场所保持灾时便利的交通联系,并考虑在应急避难场所设立专门的区域,为救灾功能的发挥提供空间,同时应配备应急供水、电力及通讯等保障性基础设施(图 10-3-3)。

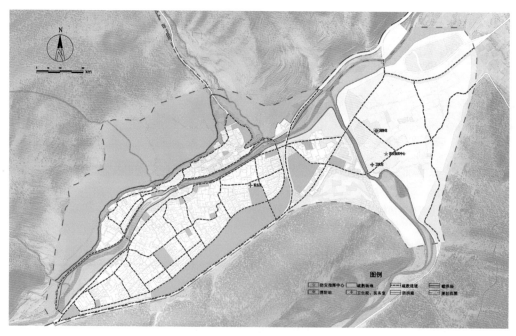

图 10-3-3　防灾设施规划

来源:罗尧,舒金妮.甘南中部车巴沟流域特困片区村庄建设规划.甘肃省城乡规划设计研究院,2015.

10.3.2.3　专项防灾设施规划的要点

(1)消防系统

消防系统在整体工作上不单单执行本身基本业务,还得配合警察、医疗系统共同完成紧急救灾任务。消防系统存在着多种消防组织形式,包括国家的消防机构、单位的消防机构及其他消防组织。

（2）消防设施

消防设施包括火灾自动报警系统、自动灭火系统、消火栓系统、防烟排烟系统以及应急广播和应急照明、安全疏散设施等。

（3）消防通道

消防通道是指消防人员实施营救和被困人员疏散的通道。一般,楼梯口、过道都应安装消防指示灯。

（4）消防水源

消防水源通常分为两大类:人工水源和天然水源。

① 人工水源

人工水源按其形式①和储存、提供灭火用水的方式主要分为两种:室外消火栓和消防水池。室外消火栓按其设置方式分为地上式消火栓、地下式消火栓和消防水鹤。适用情况:在我国北方寒冷地区宜采用地下式消火栓和消防水鹤;在南方温暖地区宜采用地上式消火栓。

消防水池一般设置在室外且与建筑物外墙之间的间距不小于15 m,一般情况下消防水池同时也兼有生活、生产用水的功能,也有专门储存消防用水的水池,称独立消防水池。适用情况:消防水池为保证取水方便,应在水池周围设消防车道,以便消防车从水池内取水。

② 天然水源

天然水源是由地理条件自然形成的可供灭火救援时取水的场所,具有分布广、水量足的优点;但天然水源往往因受自然环境所限,车辆不易靠近,且水位受季节、潮汛等因素影响变化较大。

（5）防洪排涝设施

① 防洪排涝设施的类型

防洪堤:防洪堤的堤型主要受建设和水流速度影响。在乡村,为节省造价,一般采用土堤;流速大、风浪冲击强的堤段,可采用石堤或土石结合。为节省用地、减少拆迁,一般采用钢筋混凝土或浆砌石防洪墙。

截洪沟:截洪沟应在地势较高的地段,基本平行于等高线布置。

排涝泵站:它是乡村排涝系统中的主要工程设施,其布局方案应根据排水分区、雨水管渠布置、乡村水系格局等因素确定。

② 防洪排涝设施布局要点

因地制宜:根据设施周边地形、地貌条件及建筑物分布情况,选择合适的建筑形式和建造密度。

与乡村近远期发展规划相结合:严格遵循上位规划内容,与乡村近远期规划发展相互协调一致,避免工程重复建设和改造。

---

① 消火栓按其安装场合可分为地上式和地下式两种;消火栓按其进水口连接形式可分为承插式和法兰式两种;消火栓按其进水口的公称通径可分为100 mm和150 mm两种。

10.3.3 乡村应急避灾空间规划

10.3.3.1 应急避难场所的类型

（1）乡（镇）避难场地应结合中小学操场或较大规模的社区广场进行设置，避难建筑可以包括中小学、乡（镇）政府、医院及其他公共建筑（图10-3-3）。

图10-3-4 学校作为应急避难场所
来源：百度图片。

（2）村级避难场地可以结合社区广场、打谷场以及较为平整的空地或农用地进行设置，避难建筑包括村委会、幼儿园、福利院或仓库等公共建筑。

10.3.3.2 应急避难场所的特点

① 便捷性：避难场所至少应连接一条宽12 m以上的道路；

② 替代性：每个避难场所至少应有两条以上的避难道路连接；

③ 连接性：各避难道路彼此应成一完整系统以互相支援；

④ 接近性：周边地区至避难场所要具有可达性，通过出入口数量、形式与宽度等来衡量。

10.3.3.3 应急避难场所的布局要求

（1）选址位于灾害风险区以外或灾害影响较小的地区，并建立对火灾等灾害的防护隔离，同时还要具备良好的防洪排涝条件，满足建筑抗震及防火性标准。

（2）具备良好的交通条件：要有两个以上的出入口，还要与主要防灾道路相连，并考虑停车场用地，预留直升机起降场空间。

（3）满足受灾人员基本的空间需求。

① 人均拥有2 m²的有效安全空间；

② 出入口有效宽度：出入口宽度不宜过窄，且出入口周围不能因建筑物倒塌导致避难阻碍；

③ 接邻道路宽度：为方便民众避难及救援车辆的进出，出口邻接道路应至少为8 m宽，有效宽度应至少为4 m；

④ 认知度：选择易产生认知的小区环境空间，如中小学、小区公园、机关等；

⑤ 具备应急指挥、医疗、物资储备及分发的功能；

⑥ 配备应急供水、电力及通讯等保障性基础设施。

10.3.3.4 应急避难场所的应急保障设施配置

（1）基本设施是为保障避难人员的基本生活需求而设置的配套设施，包括救灾帐篷、简易活动房屋、医疗救护及卫生防疫设施、应急供水设施、应急供电设施、应急排污设施、应急厕所、应急垃圾储运设施、应急通道、应急标志等。

（2）一般设施是为改善避难人员生活条件在基本设施的基础上增设的配套设施，包括应急消防设施、应急物资储备设施、应急指挥管理设施等。

（3）综合设施是为提高避难人员生活条件在已有的基本设施和一般设施的基础上增设的配套设施，包括应急停车场、应急停机坪、应急洗浴设施、应急通风设施、应急功能介绍设施等。

10.3.3.5　应急避难场所的特性

（1）时效性：应急避难场所的时效性主要考量与消防、医疗等设施的最近距离。消防危险度计算应考量与消防设施的距离，为确保避难场所滞留的安全性，应在防灾场所设置有效的植栽、水池、洒水头、消防栓等消防设施。应急避难场所应设置临时医疗场所，并依托周边地区的医疗设施，以配合临时安置的需要，并可依托周边地区医疗设施获得支援。

（2）应急功能性：主要是考察乡村中现有可能作为应急避难场所的用地是否配备了应急设施和设备，如（紧急）照明设备、应急灯、自备电源、广播系统、紧急无线电、基本医疗设施、应急药品、帐篷、饮用水、（临时）公共厕所、食品、垃圾场、蓄水池（消防用水）、生活物资临时储存空间、防灾设备（工作用具、搬运工具、破坏工具、工作材料、通信工具、灭火设备等）等，以及这些应急设施及设备的完善程度、日常维护状况，在紧急状态下是否能够良好运行等。

10.4　乡村综合防灾能力提升

10.4.1　乡村应急物资保障系统综合防灾能力

（1）乡村应急物资保障系统的内容

应急物资保障系统主要包括物资储备、接收发放地点等。发放地点是指为避难生活物资能有效运抵每一可能灾区并供灾民领用的各级避难场所。由于物资的接收地点与疏散体系、发放地点与避难场所有重叠，故本书中的物资保障系统主要侧重于物资储备设施。

（2）乡村应急物资保障系统的特征

一是规模容量。主要是考察乡村中现有各类物资储备设施的规模容量能否满足灾时灾民的生活应急物资需求。

二是均衡性。合理安排各种物资的安放地点、各级避难场所等，保障发生灾害时村民能够迅速地转移及疏通。

三是可达性。面临的道路等级应在乡村次干道及其以上等级，且最好面临 2 条以上的乡村道路，且为提高物资运送和分配效率，其出入口宽度不小于 8 m，场地内应有充足的停车空间。

10.4.2　乡村灾时治安系统综合防灾能力

（1）乡村灾时治安系统的内容

乡村灾时治安系统主要包括乡村各级公安部门武警，民兵和街道联防队可以作为补充手段。其任务主要包括灾害救援、灾情查报、交通管制、秩序维护四项内容。当灾害发生时容易出现由于物资短缺、谣言四起而造成救灾物资被哄抢和商店被打砸抢等事件,如果处理不当,容易造成社会动荡的不利局面,此时维持社会的正常秩序就显得十分必要。

（2）乡村灾时治安系统的特征

① 均衡性:各级各类治安设施在空间上的分布应尽可能均衡,以有利于迅速出警快速抵达受灾地点。

② 规模容量:根据区域内人口数量及公共服务设施的服务半径,合理安排各级各类治安设施的数量及规模,做到大小衔接、井然有序。

③ 安全性:主要是考察乡村中各类治安设施的安全性,即其是否位于地震断裂带或地质灾害多发区内。

村镇防灾减灾的研究不应只局限于制定防灾标准及规范,还应该根据我国广大农村地区的现状以及防灾减灾中存在的缺陷,针对各功能系统与灾害的关系进行深入的探讨。本章通过系统论述农村建设中防灾空间的内涵,指出新农村建设中的防灾空间要素的构成、机能及层次,明确防灾空间规划必须与总体规划相结合、与人的行为模式相结合以及与经济发展状况相结合的原则,这样才能创造出可持续发展的新农村防灾空间体系。

11 乡村历史文化遗产保护规划与历史文化名村更新

11.1 乡村历史文化遗产保护规划与历史文化名村更新的关系

乡村历史文化遗产的保护规划是对构成人类记忆的历史信息及其文化意义在乡村中的具体表现进行保存和规划,使新的作用和活动与历史乡村的特征相适应,并适应乡村持续发展的需要。

历史文化名村更新是对乡村中某一衰落的区域进行拆迁、改造和建设,使之重新发展和繁荣的一种活动。更新的目标是解决影响甚至阻碍乡村发展的问题。更新不仅仅局限于解决环境问题,更是整个乡村发展的重要组成部分,能够提高乡村的活力和推动乡村的进步。其总的思想是提高乡村功能,调整优化乡村结构,改善乡村环境,更新物质设施,促进乡村文明。

乡村历史文化遗产保护规划与历史文化名村更新是辩证统一的关系:保护中往往伴随着更新的存在,更新中也具有保护的需要,只有将两者的关系协调好,才能使乡村的历史文化遗产保护达到最优化。

11.2 乡村历史文化遗产保护规划

11.2.1 乡村历史文化遗产的类型

乡村历史文化遗产可以划分为文化遗产、自然遗产、自然与文化双遗产以及文化景观四种类别。

(1)文化遗产包括文物、建筑群和遗址。文物是指从历史、艺术或科学角度看,具有突出、普遍价值的建筑物、雕刻和绘画,具有考古意义的成分或结构、铭文、洞穴、住区及各类文物的综合体。建筑群是指从历史、艺术或科学角度看,因其建筑的形式、同一性及其在景观中的地位,具有突出、普遍价值的单独或相互联系的建筑群体。遗址是指从历史、美学、人种学或人类学角度看,具有突出、普遍价值的人造工程或人与自然的共同杰作以及考古遗址地带。

(2)自然遗产是指具有突出的普遍价值的天然名胜或明确划分的自然区域。

(3)自然与文化双遗产是指既具有自然遗产所有的特性,也具有文化遗产所有的特性的景观。

(4)文化景观包括人文景观和有机进化景观。人文景观是指出于美学原因建造的园林和公园景观,它们经常(但并不总是)与宗教或其他概念性建筑物及建筑群有联系。有机进化景观包括代表一种过去某段时间已经完结的进化过程的残遗物景观和与当地传统生活方式相联系的持续性景观。

11.2.2　乡村历史文化遗产保护规划的现状

我国的乡村历史文化遗产保护规划已经走过了一段很长的道路,经过无数人的努力,取得了一些可喜的成绩,比如西塘古镇规划、乌镇规划、同里规划等,但是乡村历史文化遗产保护规划的现状仍然令人堪忧。人们对遗产保护规划的认识普遍很低,甚至有些乡村的管理者对乡村历史文化遗产保护规划的认识一知半解,尽管近些年来地方政府投入了大量的资金来保护历史文化,但是仍然有某些地方政府对历史文物进行大拆大建,某些乡村仅仅把文物作为吸引游客的资本,旅游业的过度开发和管理不善导致文物遭到严重的破坏。

从目前乡村历史文化遗产保护规划的现状来看,我国的乡村历史文化遗产保护规划的问题主要体现在以下几个方面:在认识上,人们普遍没有认识到保护历史文化遗产的重要性,尤其是政府的决策者;在保护方法上,政府部门以及当地居民没有协调好保护与利用的关系,把经济利益放在了第一位而忽略了社会效益,从而造成历史文化原真性丧失、旅游业过度开发以及居民利益受损等问题;在管理上,历史文化遗产保护部门职能不清,部门之间管理权限重叠,各个管理部门责任不明确;在规划上,主要表现为对乡村历史文化遗产的保护偏重宏观层面,缺乏操作性,缺乏实际的具体的技术指导;在技术上,缺乏各类文化遗产的维护、修复、整治的研究和实践。

11.2.3　乡村历史文化遗产保护规划的内容

(1) 制定历史文化遗产保护规划的原则与指导思想,制定具体的保护内容与保护重点。

(2) 整体空间格局的保护。它包括乡村历史空间格局的保护、乡村布局的适当调整和乡村历史周边环境的控制等。构成乡村的整体历史空间格局通常包括:河网水系、山体坡地等地理地貌环境,街道骨架、街巷尺度、天际轮廓线等标志性建筑物、构筑物以及地域特色明显的传统居住建筑。

(3) 街巷空间的保护整治。乡村的街巷格局是构成乡村肌理并体现该地段个性的重要因素,因此街巷格局的保持和街巷系统的整治十分重要。街巷空间保护应该考虑街巷布局与形态、街巷功能和街巷空间及景观几个方面。

(4) 历史公共空间的保护。历史公共空间是乡村居民日常生活和社会生活公共使用的室外及室内空间,包括街道、广场、公园、学校、娱乐场所等。

(5) 历史公共建筑的保护。历史公共建筑通常是极具当地特色与民风的建筑,是体现乡村文化的代表,要对它加以合理的保护与利用。历史公共建筑的利用方式也很多样化,比如保持原有用途或者用做学校、图书馆、旅游设施等。

(6) 传统民居的保护。传统民居会在建筑的色彩、材料、工艺和形式等方面体现乡村的民族风情,因此对传统民居的保护也在一定程度上保护了当地的历史文化。

(7) 古树名木的保护。古树名木是历史发展的见证,是活的古董,具有重要的历史价值和纪念意义。

(8) 非物质文化遗产的保护与传承。非物质文化遗产包括口头传说、传统表演艺术、民俗活动、礼仪与节庆活动、民间传统知识和实践、传统手工艺技能等,以及与上述传统文化表现形式相关的文化空间。

11.3 乡村历史文化名村更新

11.3.1 乡村历史文化名村更新的现状

总体来看,乡村因规模较小、建设无序等多种原因,更新任务繁重,存在的主要问题包括:

(1)房屋质量较差,缺少户外公共绿地和各类活动场地,基础设施陈旧不能适应现代化的需要;

(2)交通无序:乡村道路缺乏统一的规划,道路的使用功能混杂,安全系数较低;

(3)建设无序:乡村建设由于缺乏规划与适当的管理指导,往往出现新老建筑混乱,新建筑特色缺失等问题。

11.3.2 乡村历史文化名村更新的依据与原则

11.3.2.1 历史文化遗产与乡土特色保护规定

(1)保护范围的划定和管理应按照《中华人民共和国文物保护法》《历史文化名城名镇名村保护条例》《城市紫线管理办法》等执行,保护范围内严禁从事破坏历史文化遗产和乡土特色的活动(图11-3-1)。

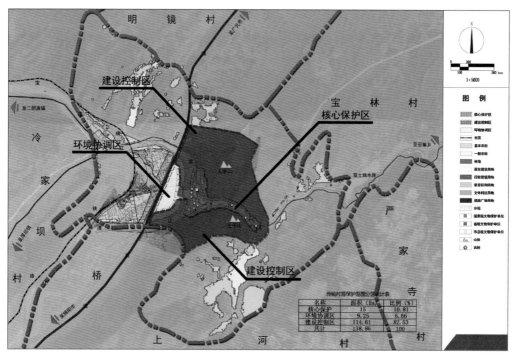

图11-3-1 传统村落保护范围规划图
来源:青林口传统村落保护发展规划.四川众合规划设计研究院,2015.

（2）具备保护修缮需求和相应技术、经济条件的村庄,应按照历史文化遗产与乡土特色保护要求制定和实施保护修缮措施。

（3）暂不具备保护修缮需求、技术和经济条件的村庄,应严格保护遗存与特色现状,严禁随意拆除翻新,可视损害情况严重程度适当采取临时性、可再处理的抢救性保护措施(图 11-3-2)。

图 11-3-2 传统村落产业发展分区图
来源:青林口传统村落保护发展规划.四川众合规划设计研究院,2015.

11.3.2.2 历史文化遗产与乡土特色保护内容

历史文化遗产与乡土特色保护应以保护历史遗存,保护历史和乡土文化信息,延续和传承传统、特色风貌为目标,其主要内容包括:

（1）历史遗存保护主要采取保养维护、现状修整、重点修复、抢险加固、搬迁及破坏性依附物清理等保护措施。

（2）建(构)筑物特色风貌保护主要采取不改变外观特征,调整、完善内部布局及设施的改善措施。

（3）村庄特色场所空间保护主要采取完整保护特定的活动场所与环境、重点改善安全保障和完善基础设施的保护措施。

（4）自然景观特色风貌保护主要采取保护自然形貌、维护生态功能的保护措施。

11.3.2.3 历史文化遗产的周边环境景观整治

周边的建(构)筑物形象和绿化景观应保持乡土特色,并与历史文化遗产的历史环境和传统风貌相和谐。文物保护单位、历史文化名村保护范围及建设控制地带内的村庄整治,应符合国家有关文物保护法律法规的规定,并应与编制的文物保护规划和历史文化名村保护规划相衔接。

历史文化名村的整治,应保护村庄的历史文化遗产、历史功能布局、道路系统、传统空间尺度及传统景观风貌,并按照国家法律法规的有关规定制定、实施保护和整治措施。

12 村庄建设规划

12.1 村庄建设空间布局规划

12.1.1 村庄建设规划的空间布局原则

12.1.1.1 统筹布局

村庄建设规划应对乡村中的各类用地统筹进行考虑，在处理好建设用地的同时需要考虑到与非建设用地的关系，并在此基础上合理地布置居住建筑、公共建筑、道路、绿化等。此外，结合地形地貌、道路网络、村组单元和整治内容，村庄可被划分为若干大小不等的建筑组群，形成有序、多层次的空间形态（图 12-1-1）。

图 12-1-1 统筹布局各类用地
来源：遂宁市蓬溪县新村规划.四川富乐天合景观规划设计有限公司，2016.

12.1.1.2 经济适用，布局集中紧凑

一切规划均需注意经济适用的原则，村庄建设规划不同于城市规划，乡村规划的规模较小，特别需要注意集中紧凑布置以减少不必要的浪费。乡村规划要保持公共服务设施的合理服务半径，节约基础设施投资，同时也要避免穿越过境公路、高压线等大型基础设施

（图 12-1-2）。

图 12-1-2 集中紧凑布局
来源：偏寨村美丽乡村示范村规划.贵州省城乡规划设计研究院,2013.

12.1.1.3 顺应山水,显露地方特色

村庄建设规划应充分结合地形地貌、山体水系等自然环境条件,引导村庄形成与自然环境相融合的自然空间形态。现在的规划存在一个普遍的问题——"千村一面",究其原因,就是规划者缺乏对当地的文化、地域特色的深入挖掘。这种做法是很不可取的——如果把我国的农村都规划成一个样子,那将是对中华文明的摧毁(图 12-1-3)。

图 12-1-3 延续地方建筑特色
来源：青白江区姚渡镇光明村规划.四川省大卫设计有限公司,2015.

12.1.1.4 合理利用好滨水空间

村庄布局应处理好水与道路、水与建筑、水与绿化、水与水、水与产业、水与人的活动之间的关系,充分发挥滨水环境和景观的优势,保护村庄水环境,预留滨水岸线,形成公共空间及生态廊道,打造一个良好的滨水环境。

12.1.1.5 优化建筑布局,保护风貌特色

村庄规划应保护原有的村落聚集形态,处理好建筑与山、水、自然之间的基底关系,同时应采用灵活多样的布局形式,避免单调乏味的行列式。此外,建筑布局还应形成层次分明、衔接有序的院落空间体系,保护村庄道路尺度、道路与建筑的空间关系、特色民居、古寺庙等。

12.1.2 村庄建设的空间规划程序

12.1.2.1 调查分析

充分调查村庄现状的自然条件、经济条件及社会条件,了解村民的意愿,从实际出发,合理地利用和改造村镇现有的资源,调整不合理的布局。

12.1.2.2 确定性质

根据乡村的上位规划要求、人口规模、村域面积以及发展现状与未来规划拟定布局。

12.1.2.3 提出方案

考虑以上影响因素和规划原则,提出 2～5 个合理的规划方案。

12.1.2.4 对不同方案的对比分析

对每个方案从不同角度进行系统的分析比较,其中包括:总体战略规划、用地功能的划分、建筑设计、道路设计、绿地设计、公共设施规划设计等,选出最为优秀、合理、经济的一个方案。

12.1.2.5 按要求绘制图纸

按照确定的方案及相关要求,完成村庄建设规划的各项图纸(图 12-1-4)。

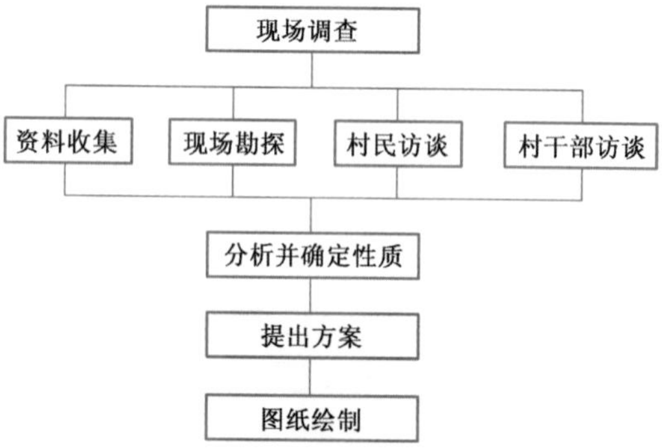

图 12-1-4 空间规划程序
来源:编者自绘。

12.1.3 村庄建设的空间布局形态

12.1.3.1 村庄空间布局的影响因素

(1)生产力的分布

对村庄的建设规划,乡村生产力的分布具有重要的参考价值,因为乡村要发展经济,依靠的就是生产力,而乡村规划服务于乡村,服务于乡村发展,是为了建设更美好的家园,所以生产力的发展是必须考虑的因素。

(2)资源状况

规划人员做村庄规划绝不能闭门造车,而是需要实地考察每个乡村的不同资源状况。这里说的资源状况主要是指能够产生经济效益的资源,例如乡村的主要产业。

(3)自然状况

自然状况包括地质、天气、地形地貌、水资源与生物环境等,村庄空间布局必须考虑这些因素才能做出一个更为合理的规划方案。

（4）村镇现状

村镇现状主要从现场取材，它包括整个村庄的现有风貌、道路以及公共设施的使用情况等。

（5）建设条件

建设条件一般是指建设用地、建设用地的质量、建设用地的周边环境，只有了解了建设条件才能做好规划。

12.1.3.2　村庄建设的发展方式

（1）分散向集中发展

几个邻近的居民点，通过劳动和生产产生比较紧密的联系，为了节约基础设施及公共服务设施的建设资本，并使其得到有效利用，便于村庄的发展与管理，在做规划时，可考虑通过引导使其连成一个整体，形成一个比较集中的整体和一个发展较好的乡村中心。

（2）组团分片发展

由于资源的分布情况、交通干线的组织情况、自然地形条件等因素使乡村呈分散式发展，那么比较理想的规划方式，便是组团式布局规划，以保证每个组团涵盖各个功能区，同时健康发展。

（3）集中与分散结合发展

集中与分散结合的发展方式是比较普遍的，多数情况下，一个乡村兴起于一个中心，然后通过后来的规划、发展，进行组团式扩充，从而形成一个整体。

12.1.3.3　居民点的选址原则

（1）防灾避险，安全原则

居民点选择地块必须满足适建标准，需避开地震断裂带、滑坡区、洪水淹没区、泥石流易发区等各类灾害易发区，如建筑不宜布置在盆地、沟底等凹地，布置在凹地容易受到雨水、积雪的侵蚀，会使建筑寿命减短，甚至会产生房屋倒塌危险。

居民点的选择应满足各类市政管线、重大基础设施、危险品存贮等设施的安全防护距离要求。

（2）节约用地，保护生态原则

居民点选址应当符合当地县域总体规划、村镇体系规划、土地利用规划等上层规划，严禁占用基本农田、优质农田，尽量少占耕地并确保耕地总量不减少，充分结合坡地、林盘、老旧院落进行规划选址。

（3）尊重农民意愿与科学引导原则

居民点选址方案要公开征求村、组集体经济组织和搬迁农户的意见，同时也要科学引导群众转变传统居住、生活方式，积极参与新农村建设。

12.1.3.4　村庄建设的空间形态

（1）点块状

点块状布局主要是独栋住宅或组团式住宅以某个重要的地点或者建筑为中心，并依地形分散布置。这种布局方式看起来规划痕迹较弱、随意性强、点与点之间互不影响，但实际上结合山水地势的点块状布置又体现出一种相互联系、富有变化的自然发展式空间格局（图12-1-5）。

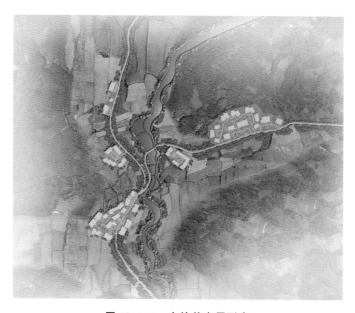

图 12-1-5　点块状布局形态
来源:遂宁市蓬溪县新村规划.四川富乐天合景观规划设计有限公司,2016.

（2）弧线状

这种布局方式通常是受到河流、道路交通的限制,居民点沿河流、山谷或道路等布置形成弧线形,弧线状布局的纵向交通往往是主要的组织脉络。因此,用地功能的布置,需特别考虑整个道路网的布局,以保证不同的功能区能紧密联系起来(图 12-1-6)。

图 12-1-6　弧线状布局形态
来源:舒霖,王劲松.平武县大印镇皇庙村规划.四川众合规划设计有限公司,2015.

（3）辐射状

这种布局方式通常指由内向外发展,并向不同方向延伸,形成每个区域内的合理功能分区。辐射状布局具有良好的弹性,而且内外关系也较为合理(图 12-1-7)。

图 12-1-7　辐射状布局形态

来源:遂宁市蓬溪县新村规划.四川富乐天合景观规划设计有限公司,2016.

12.1.4　村庄建设的重要空间节点规划

12.1.4.1　村庄入口空间节点

地标是增强村庄可识别性的标志之一,规划中可合理结合当地特色选择或塑造具有当地特点的地标。在主要出行方向上选择合适位置形成村庄出入口,并设置村域地标,以体现村庄特色和恰当的标志性,增加村落辨识度(图 12-1-8)。

图 12-1-8　村庄入口节点(平武县五星村)

12.1.4.2　村庄公共活动空间节点

在村庄公共设施集中地或人流集散较大的地方建设广场、绿地、水域等以形成一个供村民休闲、娱乐、健身的公共活动空间,它需具有开敞性、景观性及可达性较好的特征,同时村庄公共活动空间要体现当地特色,依山就势,与村庄其他用地相互协调(图 12-1-9)。

图 12-1-9 村庄公共活动空间
来源:箭杆林村灾后重建规划.四川省城乡规划研究院,2013.

12.1.4.3 村庄滨水空间节点

良好的滨水空间不仅要考虑景观与生态保护之间的协调,还要考虑滨水地区的防洪。滨水地段对村庄的安全、景观及生态都具有十分重要的影响,是村庄需要重点规划设计的地段(图 12-1-10)。

图 12-1-10 滨水空间
来源:青白江区姚渡镇光明村规划.四川省大卫设计有限公司,2015.

12.2 村庄住宅规划设计

12.2.1 村庄住宅建筑的发展

12.2.1.1 地域与村庄建筑

各地的村庄建筑充分融合了自然环境要素,包括气候、地形、自然材料,呈现出不同的特点,如北方建筑厚重、南方建筑轻盈;结合各地乡村区域不同的生产生活方式、社会组织形式等,村庄建筑展现出了不同的社会活动形态;村庄建筑与不同的民族、宗教、文化、风俗相融合,造就了反映不同文化内涵的建筑。

12.2.1.2   村庄建筑发展趋势

(1)村庄建筑的发展应该是动态的过程,它不是一味地仿古怀旧,而是吸收地域环境的优秀传统文化来寻求传统与现代的契合点,建造出科学与美观相结合的现代乡村建筑。

(2)充分利用土地,逐步将生活区、生产区分离开,使农房向多层次发展。

(3)通过新材料、新技术的运用,建设能够更好服务于生活、提高生活环境和品质的建筑。

12.2.2   村庄住宅建设的规划类型

12.2.2.1   保留整治型

保留整治型适用于有重要历史文化保留价值的建筑,通过整治的方式改善居住条件、统一整体风貌,使其适应当代生产、生活的需要,且保持浓郁的地方特色,形成良好的乡村风貌。

12.2.2.2   现状扩容型

现状扩容型通过新建民居对地域特色的强调和对旧有建筑的改造,实现新与旧风格的统一。

12.2.2.3   新建集中社区型

新建集中社区型是重新进行建筑规划布局,适用于有适宜的自然地理条件、区位潜力较大、发展规模化生产的条件优越,且周边中小聚落集中、居住愿望强烈的村落。

12.2.3   村庄住宅建筑的类型

村庄住宅建筑按建筑形态可分为农房型住宅和单元式住宅。农房型住宅包括独立院落式、并联式两类。

(1)独立院落式

独立院落式住宅面积较大,能够满足村民生产活动所需空间,能够提供接近自然的居住环境,用地宽裕的乡村可采用这种形式(图12-2-1)。

(2)并联式住宅

并联式住宅形式是几户住宅连在一起修建的,每户面积较小,比较适用于成片开发的村落,可节约土地、节省室外工程设备管线、降低造价(图12-2-2)。

(3)单元式住宅

乡村单元式住宅为多层楼房,这种形式的住宅建筑布局紧凑、节约土地,便于成片开发,适应多种气候条件,能减少住户之间的相互干扰(图12-2-3)。

图 12-2-1　独立院落式

来源:达县永进乡石盘村灾后重建规划方案设计.重庆市三里城市规划设计院,2011.

图 12-2-2　并联式住宅

来源:平武县磨刀河流域新村建筑风貌改造方案.陕西市政建筑设计院有限公司绵阳分公司,2013.

图 12-2-3　单元式住宅

来源:竹阳村聚集点规划及建筑设计方案.四川富乐天合景观规划设计有限公司,2013.

12.2.4　村庄住宅设计

12.2.4.1　村庄住宅设计原则

（1）乡村住宅设计应满足居民空间需求，不仅需要生活空间满足生活需求，还需要生产空间满足生产需求。乡村建筑设计应考虑家庭结构和工作性质，乡村居民家庭结构多元化，存在多代同房的情况，乡村居民包括农业种植户、养殖户、商业户、企业职工户等。乡村建筑设计应该满足居民对不同功能空间的需求，如一般农业种植户常兼营家庭养殖的副业，住宅除生活空间外还需配置家畜养殖、粮食晾晒及储藏等空间；而完全脱离农业生产的企业职工户，一般只需要包括卧室、厨房、卫生间等的基本功能空间和包括书房、车库等的附加空间（图12-2-4）。

（2）住宅建设应根据主导产业特点选择相应的建筑类型。以第一产业为主的村庄以独院式住宅、联排住宅为主；以第二、三产业为主的村庄应积极引导建设多层公寓式住宅，限制建设独立式住宅；旅游型村庄应考虑旅游接待需求。

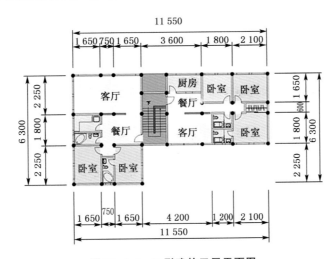

图12-2-4　L形建筑三层平面图
来源：广元万源片区城市设计. 重庆市规划设计研究院四川分院，2006.

（3）住宅建筑风貌设计应在优秀传统做法的基础上进行创新和优化，创造出简洁、大方的符合乡村特点、体现地方特色建筑形象的建筑。乡村建筑设计应保护具有历史文化价值和传统风貌的建筑，并使其与周边环境相协调。

（4）乡村住宅设计应考虑舒适实用性，尊重村民的生活习惯和生产特点，考虑村民的经济承受能力，遵循适用、经济、安全、美观的原则建设节能省地型住宅。住宅设计同时应注重加强引导卫生、舒适、节约的生活方式。

12.2.4.2　村庄住宅建设的要求

宅基地按一户一宅建设。《四川幸福美丽新村编制办法》关于人均宅基地面积指标的规定是平原地区人均不得超过50 m²，超过5人/户按5人计；人均耕地不足1亩的，人均宅基地不得超过45 m²；人均耕地大于1亩的，不得超过60 m²。规划过程中，具体人均宅基地面积按各地人民政府规定的标准执行。

12.2.4.3 住宅平面设计

住宅平面功能应尊重当地传统风俗习惯,方便农民生活,为住户提供适宜的室内外生活空间。各功能空间应合理布局,减少干扰,同时应分区明确,实现寝居分离、食寝分离、净污分离。

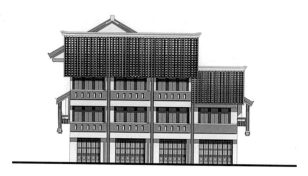

图 12-2-5 L形建筑立面图

来源:广元万源片区城市设计.重庆市规划设计研究院四川分院,2006.

12.2.4.4 住宅立面设计

住宅外墙材料立足于就地取材,因材设计、统一协调;色彩应与地方环境协调,并体现乡土气息,突出地方特色(图 12-2-5)。

12.2.5 村庄住宅规划的布局

12.2.5.1 村庄住宅规划的布局原则

(1)住宅组团应结合地形灵活布局,同时应丰富建筑空间层次,避免单一、呆板的布局方式。

(2)住宅的间距应保证室内的日照标准,住宅朝向应满足通风的要求,住宅单栋布置时,应将居室朝着夏季的主导风向布置。

(3)住宅建筑布置时,应考虑对地形的利用,尽量减小挖填方量和避免过分加深地基。

12.2.5.2 村庄住宅规划的布局方式

(1)行列式布局

行列式布局是住宅建筑按一定的朝向和间距成排布置,使每户都能够获得良好的日照和通风条件的布置形式,但这种形式容易造成聚居点空间呆板的问题。为组织好行列式的布置空间,设计应避免兵营式的布置,采用和道路平行、垂直或成一定角度布置的方式,取得变化丰富的空间效果(图 12-2-6)。

(2)自由式布局

自由式布局是住宅布置在满足日照、通风的条件下,与地形、原有道路、河流等结合,灵活地安排建筑,突出乡村的自然风光的布置形式。自由式地布局并不是随意地胡乱排列组合,而是有意识地将某种自然条件加以利用,形成一定规律的自由的布局格式,如建筑布置角度的规律、朝向的规律等(图 12-2-7)。

(3)周边式布局

周边式布局是住宅沿街或沿一定地块周边布置,形成封闭或者是半封闭的院内空间。

这种布局方式的院内利于布置小块绿地、公共活动场所等居民交往场所。周边式布局能够节约土地,但是部分住宅的朝向较差(图 12-2-8、图 12-2-9)。

图 12-2-7　自由式布局

图 12-2-8　周边式布局

(4)混合式布局

混合式布局以行列式布置为主,周边式布局为辅。混合式布局保留了行列式布局的优点,加上周边式布局形成的活动空间,可布置绿化,给居民提供良好的休憩场所(图 12-2-10)。

图 12-2-9　周边式布局

图 12-2-6　行列式布局　　图 12-2-10　混合式布局

12.3　村庄景观环境规划

12.3.1　村庄景观环境规划的必要性

12.3.1.1　景观要素的分类

(1)植物景观

观形植物:有圆柱形、圆锥形、球形、伞形、垂枝形、特殊形。例如松柏能向上引导视觉,给人以高耸的感觉;垂丝海棠常种植于湖边随风而摆,宜动宜静。

观色植物:有常色植物、季色植物、干枝色植物。例如香樟树的树叶不随季节改变;银杏春秋能呈现出不同色彩;梧桐的干枝色彩具有特殊性。

观花植物:有的花色艳丽,有的花朵硕大,有的花形奇异,并具香气。例如牡丹在开花的时候能够以其艳丽的色彩吸引眼球。

观果植物:主要观赏植物的果实。其中,有的色彩鲜艳,有的形状奇特,有的香气浓郁,有的着果丰硕,有的则兼具多种观赏性能。例如柚子在秋季成熟之时,果实呈黄色、球形,并且散发着特有的香气(图12-3-1)。

图 12-3-1　植物景观

来源:百度图片。

（2）山水景观

山得水而活,水得山而媚,因山而峻,因水而秀,打造山水景观可以运用保持景观连贯性、动静结合、多视角结合等方式。在我国有一种特有的山水文化,"知者乐水,仁者乐山"这种山水观反映了中国传统的道德感悟,实际上是引导人们通过对山水的真切体验,把山水比作一种精神,去反思仁、智这类社会品格的意蕴(图12-3-2)。

图 12-3-2　山水景观

来源:昵图网。

（3）其他景观

其他景观主要包括建筑景观、道路景观、人文景观、设施设备景观等。许多乡村内部建筑已经破损严重或消失,卫生条件不佳,基础设施落后,经济发展严重滞后,面临着亟待改造的问题。建筑、道路、人文等景观规划作为乡村规划设计的基本构成要素,对于传统风貌的延续、历史文化的继承、乡村特色的体现都具有重要的意义和价值。

12.3.1.2　村庄景观环境的作用

(1)美化环境。人的活动离不开环境,生活在一个美丽的环境当中,可以让人感到精神上的愉悦,而景观最重要的作用就是美化环境。另外,有些植物还具有净化空气的作用,如乔木叶子的吸烟尘能力很强,可以净化空气。

(2)调节气候。自然景观常常具有调节气候的功能,可以降低太阳辐射温度、调节空气温度和空气湿度等。

(3)产生效益。打造好一个景观区域,不仅能促进旅游产业的蓬勃发展,还可以刺激周围的商业氛围。另外一些村庄中的防护林可结合到经济林、药材林、果林等相关产业中去。

(4)安全防护。一些城市广场、公园已作为城市的避难场所,而一些隔离阻燃带具有防火绿林的作用,既可以满足景观要求,又可以减轻灾害带来的破坏。

12.3.1.3　村庄景观环境规划的原则与步骤

(1)与周围环境结合。村庄景观规划应结合当地的环境,尽可能减少对当地环境的破坏,使规划的景观与现状景观形成一个有机的整体。村庄景观规划不仅突出对自然环境的保护,而且突出对环境的创造性保护,还突出景观的视觉美化和环境体验的适宜性。

(2)与其他功能用地结合。规划的各个功能用地需统筹安排,不同功能用地服务于自身功能要求,同时不同功能用地之间也可相互协调、相互融合。

(3)与当地产业结合。景观规划不是以一个独立的个体存在,它是服务于整个乡村规划,服务于整个乡村发展战略的,所以说景观规划需要考虑到当地的产业布局、发展等因素。

(4)一般步骤:首先,村庄景观规划要做基础资料的收集,了解当地的自然、人文环境;然后,梳理分析当地现有的规划成果、规划标准;最后,在此基础上进行整体景观规划设计。

12.3.2　村庄景观环境规划的布置形式

12.3.2.1　景观的形态

(1)点状景观:指一些零星的、体量较小的景观。点景是相对于整个环境而言的,其特点是景观空间尺度较小,且主体元素突出,易被人感知与把握。一般包括住区的小花园、乡村入口标志、小品、雕塑、十字路口等(图12-3-3)。

(2)线状景观:呈线形排布的一些景观要素。主要包括村庄中的主要交通干道,特色景观街道及沿水岸的滨水休闲绿地等。

(3)面状景观:主要指尺度较大、空间形态较丰富,通常是由多种景观形态组成的景观类型。乡村生态园、铺砖广场、部分功能区,甚至整个村庄都可作为一个整体面状景观进行统筹综合设计。

12.3.2.2　村庄景观规划的布局形式

(1)线形布局:以直线、曲线的线形进行景观布置,例如行道树、灌木丛等(图12-3-4)。

图 12-3-3　乡村入口标志

来源:上海市青浦区练塘镇东庄村美丽乡村建设规划.上海绿呈实业有限公司,2013.

图 12-3-4　线性布局

来源:成都市镇(乡)及村庄规划技术导则.成都市规划局,2015.

（2）环形布局:在用地四周形成环状隔离带,保持内部与外部空间上的相互渗透、功能上的相互隔离(图 12-3-5)。

图 12-3-5　环形布局

来源:成都市镇(乡)及村庄规划技术导则.成都市规划局,2015.

（3）放射性布局:以放射状向外辐射,这样的布局方式可突出中心,并向外层扩散与渗透(图 12-3-6)。

图 12-3-6　放射性布局

来源:成都市镇(乡)及村庄规划技术导则.成都规划局,2015.

(4) 点式布局:单个的景观节点布置。

12.3.3　村庄景观环境规划的常见类型

12.3.3.1　边坡景观规划

边坡绿化的类型有:模块式,即利用模块化构建种植植物以实现墙面绿化;铺贴式,即在墙面直接铺贴植物生长基质或模板,形成一个墙面种植平面系统;攀爬或垂吊式,即在墙面上种植攀爬或垂吊的藤本植物,如爬山虎、络石、常春藤等;摆花式,即在不锈钢、钢筋混凝土或其他材料做成的垂面中安装垂面绿化;板槽式,即在墙面上按一定距离安装 V 形板槽,在板槽内填装轻质的种植基质,再在基质上种植各种植物(图 12-3-7)。

图 12-3-7　边坡景观

来源:百度图片。

12.3.3.2　滨水景观规划

受现代人文主义影响的现代滨水景观设计更多地考虑了"人与生俱来的亲水特性"。以前,人们害怕接近水,因而建造的堤岸总是又高、又厚,将人与水远远隔开;而科学技术发展到今天,人们已经能较好地控制水的四季涨、落特性,因而亲水性设计成为可能。滨水景观规划一般采用三种不同的处理手法:一是亲水木平台,二是挑入池塘中的木栈桥河廊道,三是种植亲水植物作为过渡区。这样达到了不管四季水面涨涨落落,人们总能触水、戏水、玩水的效果(图 12-3-8)。

图 12-3-8　滨水景观
来源:百度图片。

12.3.3.3　住区景观规划

住区景观规划与城市居住区规划不同,首先它的体量较小,多为多层建筑,结构常用砌体结构。住区景观在总体布局上依山而建、傍水而居,周围具有良好的自然环境,因此,与环境之间的相互融合是规划当中的重点。在建筑风貌上,需要考虑当地的地域文化与人文环境,进行综合规划与设计。

12.3.3.4　生态园景观规划

生态园景观规划主要考虑的是休闲与度假的功能,围绕此核心功能,打造观光、体验性质的农业生态园。这一方面作为当地村民的生态农业研发创新的孵化基地,另一方面吸引外来游客观赏农业风光,体验农业生产(图 12-3-9)。

图 12-3-9　生态园景观
来源:长虹员工蔬菜基地.四川众合规划设计有限公司,2005.

12.3.3.5 街道景观规划

街道属于线形视觉空间,景观的连续性和延伸性、节奏性和律动性等等是街道景观规划应注意的主要问题。同时要善于运用街道的地理景观,如升坡、降坡、流曲、转折、陡崖、堤岸、岔路口、聚集点等处的地貌特征,增加街道的景观特色。乡村街道的景观规划需要考虑村民的生活习惯、乡风民俗,在保持乡村自然和人文环境的基础上,打造具有特色的乡村街道风貌(图 12-3-10)。

图 12-3-10 街道景观
来源:广元万源片区城市设计.重庆市规划设计研究院四川分院,2006.

12.4 村庄公共服务设施规划

12.4.1 村庄公共服务设施布置原则

(1)村庄公共服务设施的配置应遵循方便使用和节约土地的原则,应坚持尊重农民意愿的原则,充分考虑新型社区、林盘和散居的分布特点,结合社区街道和公共空间合理规划、统筹安排。规划应鼓励对历史建筑进行保护性再利用,在建筑条件允许的情况下,可作为公共服务设施使用。

(2)村庄公共服务设施规划应结合省、直辖市、自治区的实际情况制定,按照当地乡驻地性质、类型、通勤人口和流动人口规模、经济社会发展水平、潜在需求、周边条件、服务范围及其他相关因素选用。如在以乡村旅游为特色的农村新型社区应配置相应的旅游服务设施,包括游客服务中心、星级农家乐、公共停车场等(图 12-4-1)。

(3)优先考虑共享配置,避免浪费建设和重复建设。

(4)村庄公共服务设施应选址在交通比较方便、人流比较集中的地段,如社区中心或出入口附近。

(5)村庄公共服务设施周边的建筑及公共艺术品、景观必须与主建筑协调,共同形成公共服务设施风貌区,其他建筑的色调应与公共服务设施协调一致;还应控制公共服务设施周边建筑物的尺度、体量、高度、距离等,保证公共服务设施的视觉形象。

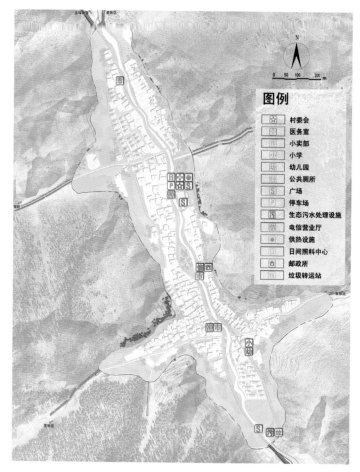

图 12-4-1 村庄公共服务设施规划图
来源:甘南中部车巴沟流域特困片区村庄建设规划.甘肃省城乡规划设计研究院,2015.

12.4.2 行政办公设施

村庄行政办公场所主要是村委、警务室,一般行政管理机构与居民生活联系较少、工作联系较多,所以通常将其布置在乡村中心较为安静、交通方便的场所,也可附设于其他建筑。

行政办公建筑由于其功能相对单一,布置形式主要分为两种:

(1)沿街道布置。可分为沿街道一侧布置或者沿街道两边布置。沿街道一侧布置避免了行人穿越街道办事,有利于交通,但是延长了行政区长度。沿街道两侧布置,行政办公建筑布置相对紧密,但是行人穿越街道办事,人车混行,不利于交通,行政办公建筑特别不宜布置在主干道两侧。

(2)围合式布置。各个行政部门建筑环抱中心广场布置,形成安静、优美的办公环境。

12.4.3 教学机构

12.4.3.1 幼儿园、托儿所布置

超过1 000人的村庄至少应该设一所幼儿园,幼儿园、托儿所是与成人活动密切相关的建筑,可单独设置,也可附设于其他建筑,但要满足幼儿的活动特性和家长接送便捷性的要求。幼儿园周边环境需有利于幼儿身心健康,宜靠近村镇中小学设置,应避开养殖场、屠宰场、垃圾填埋场等,不与市场、易燃易爆危险品仓库等为邻。

幼儿园规划布局形式主要分为两种:

(1)集中布置在村庄中间,适用于规模较小的乡村。幼儿园可结合乡村中心景观布置,环境优美、交通方便。

(2)分散布置在聚居点之间,适合规模较大的村庄。这种布置可结合道路,兼顾村庄内部各个聚居点,有接送幼儿方便、服务半径均等等优点。

12.4.3.2 中小学布置

村庄规划中需因地制宜地保留或建设村中小学和教学点,原则上人口相对集中的村要设置村中小学或教学点,人口稀少、地处偏远、交通不便的地方应设置教学点,保证中小学生能就近上学。学校不宜直接挨着住宅建筑,一般应与住宅有一定距离,减小对居民生活的影响。

中小学常见布置形式:

(1)布置在靠近乡村边缘地段。该布置方式服务半径大,可辐射周边乡村,但学生行走路线长。

(2)布置在村庄中心。该布置方式服务半径小,对居民生活有一定干扰,但学生行走距离短。

12.4.4 集贸市场

集贸市场应选择在村庄的中心,靠近聚居点。集贸市场要满足村民采买方便、行走路程短等条件,宜与商业金融设施结合布置。

集贸市场两种布置方式:

(1)成片集中布置。成片布置既可以是露天的、搭棚的,也可以是正式建筑。成片布置把活动引导到市场内部,减小了对外部交通的影响。

(2)沿街布置。这种布置方式方便村民采买,但需要处理好与道路的关系:不宜布置在主干道,避免对车辆通行造成阻碍;可以布置在与主干道相连的次要道路旁,这样既方便村民采买,也不阻碍交通。

12.4.5 商业金融设施

村庄商业金融设施包括日杂商店、粮油店、茶馆、饭店、银行、信用社等。同类型设施宜集中设置,实现区域集中效应;不同类型设施均匀分布,满足服务半径需求。商业金融设施布置应有利于人流和商品的集散,并不得占用公路、干道、车站、码头、桥头等交通量大的地

段,不应布置在文化、教育、医疗机构等人员密集场所的出入口附近和妨碍消防车辆通行的地段。

布置方式一般分为三种:

(1) 集中布置:这是目前普遍采用的布置方式,适用于规模较小的村庄。沿街道一侧的集中布置,可避免村民随意穿过道路,影响交通。但要注意,商铺尽量不要与其他建筑间隔布置,避免商业街道过长。沿街道两侧的集中布置,能减少长度,但是村民采买常会穿过道路,增大交通隐患。因此,这种布置方式可尽量将需求较多的行业布置在一侧,需求较小的布置在另一侧。

(2) 分散布置:副食店、饭店等可分散布置,临近聚居点布置能更好地满足村民的需求。

(3) 混合式布置:在规模较大的村庄,可以将主要的设施集中布置,形成村庄的商贸中心,一般的日常服务性商店则可分散布置,方便村民采购。

12.4.6 文体设施

村庄文体设施包括文化站、老年之家、健身场等,一般布置在聚居点人流比较集中的场所,可与绿地广场结合设置。

12.4.7 卫生所

村庄卫生所选址在环境安静、交通便利同时避开人流车流量大的地段,并满足突发灾害事件的应急要求,可结合其他公共服务设施集中设置。要求有人流集散、车辆停放的广场且环境优美安静。卫生所可仿院落式布置。

12.4.8 公共卫生间

公共卫生间宜布置在人流量较多的地点,同时还需考虑服务半径。小型村庄宜设置1~2座公厕,中型、大型村庄宜设置2~3座公厕。根据村庄类型不同,公共卫生间数量要做出相应改变,如旅游型村庄为满足游客需要必须增加公共卫生间数量。

12.4.9 公共活动场所

公共活动场所宜靠近村委会、公共设施等公共活动集中的地段,也可根据自然环境特点,选择水体周边、坡地等处的宽阔位置设置。有公共活动场所的村可充分利用并改善现有条件,满足村民生产生活需要;无公共活动场所或公共活动场所缺乏的新村,应改造利用现有闲置用地作为公共活动场所,严禁以侵占农田、毁林填塘等方式大面积新建公共活动场所。公共活动场所可配套设置坐凳、儿童游玩设施、健身器材、村务公开栏、科普宣传栏及阅报栏等设施,提高综合使用功能。

12.5 村庄基础设施规划

12.5.1 村庄给水工程规划

给水方式分为集中式和分散式两类。靠近城市或集镇的聚居点,优先选择城市或集镇的配水管网延伸供水;距离城市、集镇较远的聚居点,优先选择联村、联片供水或单村供水,无条件建设集中式给水工程,可选择手动泵、引泉池或雨水收集等单户或联户分散式给水方式。总而言之,供水水源应与区域供水、农村改水相协调,用自备水源的村庄应配套建设净化、消毒设施。

现有供水不畅的输配水管道应进行疏通或更新,供水管道在户外必须埋入地下;与排污管、渠不应布置在一起,如有交叉时,供水管道要布置在排污管、渠之上;管道宜沿现有道路或规划道路敷设,尽量缩短线路长度,避免急转弯、较大的起伏、穿越不良地质地段,减少穿越铁路、公路、河流等障碍物。

输配水管网应结合道路规划,有条件的地区宜布置成环状网。给水管网的供水压力宜满足建筑室内末端供水龙头不低于 1.5m 的水压。

12.5.2 村庄排水工程规划

12.5.2.1 污水处理设施规划

村庄应因地制宜地结合当地特点选择排水体制。新建村庄宜采用雨污分流制;现状雨污合流制的村庄,应逐步适时改造为不完全分流制或完全分流制;条件不具备的小型聚居点可选择合流制,但在污水排入系统前,应采用化粪池、生活污水净化池、沼气池、生化池等污水处理设施进行预处理。

村庄污水收集与处理遵循就近集中的原则:距离城区、镇区较近的聚居点宜优先纳入城镇污水处理系统进行集中处理;位于城镇污水处理厂服务范围外的聚居点,可根据村庄分布与地理条件,集中或相对集中收集处理污水;不便集中的则就地处理,如采用沼气池、生化池、双层沉淀池或化粪池等进行处理后,再利用人工湿地、生物滤池等对污水进行后续深度处理,达到排放标准后排入自然环境。

12.5.2.2 排水管网规划

排水管渠应以重力流为主,顺坡敷设,不设或少设排水泵站。雨水排放可根据当地条件,采用明沟或暗渠收集方式,充分利用地形,及时就近排入池塘、河流或湖泊等水体,雨水排水沟渠砌筑可选用混凝土或砖石、条石等地方材料。

排水干管应布置在排水区域内地势较低或便于雨、污水汇集的地带;排水管道宜沿规划道路敷设,截流式合流制的截流干管宜沿受纳水体岸边布置;布置排水管渠时,雨水应充分利用地面径流和沟渠排除,污水应通过管道或暗渠排放;位于山边的聚居点应沿山边规划截洪沟或截流沟,收集和引导山洪水排放。

12.5.3　村庄供电工程规划

村庄供电电源的确定和变电站站址的选择应以乡镇供电规划为依据,并符合建站条件,满足线路进出方便和接近负荷中心等要求。重要公用设施、用电大户应单独设置变压设备或供电电源。

农村低压线路(380/220 V)的干线宜采用绝缘电缆架空方式敷设为主,有特殊保护要求的村庄可采用电缆埋地敷设。架空线杆排列应整齐,尽量沿路一侧架设,低压线路的供电半径一般不宜超过250 m,线路电压超过10 kV需采用地下埋设。

12.5.4　村庄电信工程规划

电信规划应包括确定电信设施的位置、规模、设施水平和管线布置。村庄的通信线路一般以架空方式为主,电信、有线电视线路宜同杆敷设。村庄电信设施宜规划在靠近上一级电信局来线一侧,应设在容量负荷中心。规划应结合周边电信交换中心的位置及主干光缆的走向确定村庄光缆接入模块点的位置及交换设备容量。

电信设施应设在环境安全、交通方便、符合建设条件的地段,避开易受洪水淹没、易塌陷、易滑坡的地区,应便于架设、巡察和检修,宜设在电力线走向的道路另一侧,线杆设置间距宜为45～50 m。

电信工程规划包括预测固定电话主线需求量,固定电话安装规划普及率应为40部/百户,有线电视用户应按1线/户的入户率标准进行规划。

12.5.5　村庄清洁能源利用

能源利用应密切结合聚居点规模、生活水平和发展条件,因地制宜、统筹规划,以发展清洁燃料、提高能源利用效率为目标,提高燃气使用普及率——以包括液化气、管道天然气、秸秆制气、沼气等燃气,逐步取代燃烧柴草、秸秆和煤炭。

能源选择坚持多元化、集中与分散供给相结合、政府引导与本地积极建设相结合的原则。距气源近、用户集中的聚居点可以接入城镇燃气管网,依托城镇供气;距气源较远的大中型聚居点的燃料以罐装液化石油气为主;散居农户和偏远地区的聚居点,提倡使用沼气,因地制宜地搞好分散式或相对集中式的沼气池建设,同时可结合住宅建设,分户或集中设置太阳能热水装置,推进太阳能的综合利用。

12.5.6　村庄环境卫生设施规划

村庄生活垃圾收集应实行垃圾袋装化,采取"组保洁、村舍收集、乡镇集中、区县处理"的垃圾收集处置模式。垃圾收集点和收集站位置、容量可结合村庄规模、集聚形态确定,废弃物遗弃收集点应沿村庄内部道路合理设置。

可生物降解的有机垃圾单独收集后,积极鼓励农户利用有机垃圾作为肥料,结合粪便、污泥及秸秆等农业废弃物进行资源化处理,场地选择在田间、田头或草地、林地旁,与村民生活区保持一定距离(图12-5-1)。

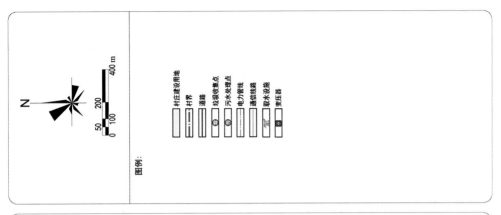

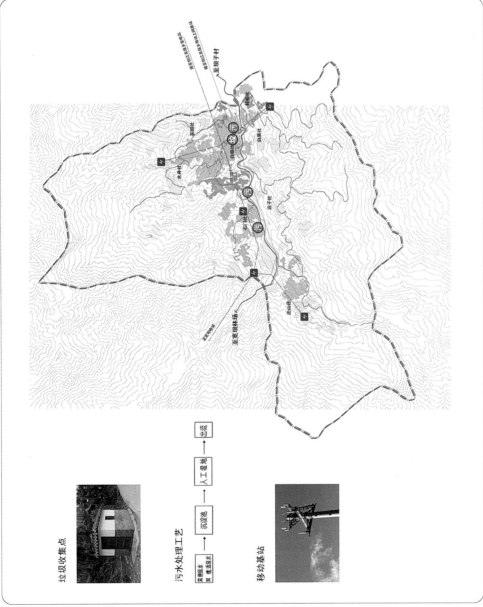

图 12-5-1　基础设施规划图

来源：舒森，王琳琳. 平武县锁江羌族乡五星村规划，2015.

13 乡村规划管理与"多规合一"实践

13.1 乡村规划法律法规

13.1.1 乡村规划相关法律法规

13.1.1.1 我国现行乡村规划法规系统

（1）我国的法规系统构成

任何国家城乡规划法规体系的构建必然服从该国的法律框架，对一国城乡规划法规体制的理解必须基于对该国法律体制的深刻认识。我国的法规系统分为横向及纵向两个体系。纵向体系包括了宪法、法律、行政法规、地方性法规、部门规章、地方政府规章及技术标准。我国法规系统纵向和横向体系如图13-1-1所示。

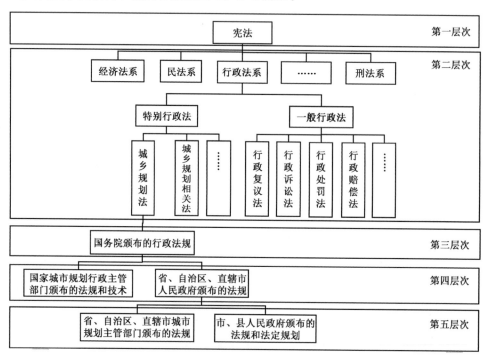

图 13-1-1 我国法规系统纵向和横向体系
来源：编者自绘。

（2）我国乡村规划的法规系统

我国乡村规划的法规系统叫分为主干法、从属法规与专项法规、相关法。《中华人民共和国城乡规划法》（以下简称《城乡规划法》）是我国城乡规划领域的主干法。《城乡规划法》在我国城乡规划法规体系中拥有最高法律效力，城乡规划法规体系内的下位法律规范不得违背《城乡规划法》确定的原则和规范。从属法规和专项法规是《城乡规划法》的落实与补充，包括了行政法规、地方性法规、部门规章、地方政府规章、城乡规划技术标准（规范）。我国城乡规划法规体系如，表 13-1-1 所示。

表 13-1-1　城乡规划相关法律法规

		《中华人民共和国宪法》		
主干法		《中华人民共和国城乡规划法》		
从属、专项法规	行政法规	《村庄和集镇规划建设管理条例》《风景名胜区条例》《历史文化名城名镇名村保护条例》		
	部门规章	《开发区规划管理办法》《城市规划编制办法》《城市规划强制性内容暂行规定》《城市国有土地使用权出让转让规划管理办法》《城市规划编制单位资质管理规定》		
	技术标准	《城市规划基本术语标准》《城市用地分类与规划建设用地标准》《防洪标准》《建筑气候区划标准》		
相关法		法律	行政法规	部门规章	技术标准、规范
	土地及自然资源	《土地管理法》《环境保护法》	《土地管理法实施办法》《自然保护区条例》		
	历史文化遗产与保护	《文物保护法》	《文物保护法实施条例》		
	市政建设与管理	《公路法》《广告法》	《城市绿化条例》	《城市生活垃圾管理办法》	
	建设工程与管理	《建筑法》	《注册建筑师条例》	《工程建设标准化管理》	各类建筑设计规范
	城市防灾	《人民防空法》			
	保密管理	《军事设施保护法》			

13.1.2　乡村建设规划许可证

13.1.2.1　乡村建设规划许可证内涵

《乡村建设规划许可证》是建设单位或者个人在进行乡镇企业、乡村公共设施和公益事业建设前，经乡、镇人民政府审核后，报城市、县人民政府城乡规划行政主管部门确认建设项目位置和范围符合规划的法定凭证，是建设单位和个人用地的法律凭证。

13.1.2.2 乡村建设规划许可证法律依据

《中华人民共和国城乡规划法》第四十一条规定："在乡、村庄规划区内进行乡镇企业、乡村公共设施和公益事业建设的,建设单位或者个人应当向乡、镇人民政府提出申请,由乡、镇人民政府报城市、县人民政府城乡规划主管部门核发乡村建设规划许可证。

在乡、村庄规划区内使用原有宅基地进行农村村民住宅建设的规划管理办法,由省、自治区、直辖市制定。

在乡、村庄规划区内进行乡镇企业、乡村公共设施和公益事业建设以及农村村民住宅建设,不得占用农用地;确需占用农用地的,应当依照《中华人民共和国土地管理法》有关规定办理农用地转用审批手续后,由城市、县人民政府城乡规划主管部门核发乡村建设规划许可证。

建设单位或者个人在取得乡村建设规划许可证后,方可办理用地审批手续。"

13.1.2.3 乡村建设规划许可证申请程序

(1)用地许可证,申请乡村建设规划许可证的一般程序

① 凡在乡、村庄规划区内进行乡镇企业、乡村公共设施和公益事业建设的,建设单位或者个人应当持批准建设项目的有关文件向乡、镇人民政府提出建设用地申请,由乡、镇人民政府报县级人民政府建设规划主管部门核发乡村建设规划许可证。

② 县级人民政府建设规划行政主管部门按照乡、村庄规划的要求和项目的性质,核定用地规模等,确定用地项目的具体位置和界线。

③ 根据需要,征求有关行政主管部门对用地位置和界线的具体意见。

④ 建设规划行政主管部门根据乡、村庄规划的要求向用地单位和个人提供规划设计条件。

⑤ 审核用地单位和个人提供的规划设计图。

⑥ 核发乡村建设规划许可证。

(2)宅基建房,在原有宅基地上建房的申请程序

① 经乡级人民政府核实,向县级人民政府规划建设行政主管部门提出建房申请;

② 根据需要,征求四邻对用地位置和界线的具体意见;

③ 县级建设规划行政主管部门根据乡、村庄规划的要求,向用地建房人提出设计要求;

④ 核发乡村建设规划许可证。

申请的具体程序及所需要的表格参见表13-1-2。

表 13-1-2　乡村建设规划许可证申请程序

类型	许可要件名称	针对乡镇企业、公共设施、公益设施以及多高层公寓	针对村民自建低层住宅
申请户信息	1. 乡村建设许可证申请表	反映申请人的基本情况、申请项目情况(类型、建筑规模、层数等)、建筑用地基本情况(权属、现状)、相关人员和单位的意见(村委会意见、四邻意见、相关部门意见等)等内容	较为简单,应附有村委会意见和四邻意见
	2. 申请人及代理人身份证明	申请人及代理人的身份证、户口本、营业执照、法人证明、授权书等(原件及复印件)	同左项

续表

类型	许可要件名称	针对乡镇企业、公共设施、公益设施以及多高层公寓	针对村民自建低层住宅
建筑用地信息	1. 项目说明材料	重大项目应要求申请人提供项目说明材料,对项目基本情况进行说明,以便于审查主体充分了解项目信息。包括项目建设的批准文件、项目建设地点、性质、规模、投资、具体内容等	农村村民在原有宅基地建设住宅,可以不用提供说明材料
	2. 拟建位置现状图或位置图	是审查建设项目是否符合乡、村庄规划的依据,也是乡村建设规划许可的重要内容。表明建设项目位置或走向、四邻及周边关系,在城乡规划图中标出建设项目位置	同左项
	3. 设计条件	规划部门提供的规划设计条件和用地红线图	农村住房建设一般不需要
	4. 规划图和建筑图	应提供规划图和建筑图,主要包括农村住宅通用图或重点地区的建筑设计总图、工程管线的施工图等,作为乡村建设规划许可证审查、决定的依据	相应资质单位提供的建房施工图(含通用图集)
	5. 施工审查意见	有相应资质的设计单位的施工审查意见	农村住房建设一般不需要
	6. 地勘报告	有相应资质的设计单位提供的地勘报告	农村住房建设一般不需要
管理信息	1. 用地及房产的权属文件	是证明乡村建设行为中申请合法性、有效性的依据。包括土地使用权证、房屋所有权证、农用地转用手续、土地使用权出让出租协议	同左项
	2. 相关部门意见	消防、环保、文物等部门专项审查意见,由县级城乡规划主管部门依据项目情况确定部门范围	农村住房建设一般不需要相关部门意见
	3. 发改立项文件	发改部门有效的立项文件	农村住房建设一般不需要
	4. 危房鉴定证明材料	新建、公建一般不需要	涉及危房须出具危房鉴定证明材料和翻建书面承诺
公示信息	1. 相关人和单位意见	不同于城镇管理,任何乡村建设必须征求相关利益人意见,如村委会意见、四邻和其他利害关系人意见;不能用村委会意见代替四邻和其他利益关系人意见	同左项
	2. 符合条件的公示意见	必须进行项目公示,征询村民意见	同左项

来源:汤海孺,柳上晓.面向操作的乡村规划管理研究——以杭州市为例.城市规划,2013(3):59-65.

13.2　乡村规划管理

13.2.1　乡村规划管理的概念

广义来说乡村规划管理包括乡村规划编制管理、乡村规划审批管理与乡村规划实施管理,还包括规划实施后的监督与检查。狭义来讲乡村规划管理是指按照法定程序编制和批准的乡村规划,依据国家和各级政府颁布的乡村规划法规和具体规定,采用行政的、社会的、法制的、经济的、科学的管理方法,对乡村规划的各项建设用地和建设活动进行统一安排和管理,指导和调节乡村的各项建设用地和各项建设活动。

13.2.2 乡村规划管理的主体与客体

13.2.2.1 乡村规划管理主体

（1）我国乡村规划管理主体

我国最基层的政府组织在乡镇,村庄没有政府组织,村庄的管理组织为村民自治组织,即村民委员会,乡村地区的基本行政单位和核心权力机构是县委和县政府。乡村规划管理的主体是乡镇政府和村民自治组织。

（2）我国乡村规划管理主体的权利与责任

乡村规划管理主体的权利与责任是规划的编制管理、规划的实施管理等。规划工程设施管理包括组织实施乡村规划区的公共设施、公益设施项目;受理、审查、报送乡村规划许可证,发放村民原址建设的住宅项目许可证;以及监督和检查乡村规划区的建设,处罚违法建设项目等。负责乡规划、村庄规划的组织编制的机构是乡镇政府,其主要业务包括编制计划、经费安排、委托设计单位、组织规划草案的评审和公示等。

13.2.2.2 乡村规划管理客体

城中村的规划和处于城市化区域的村庄规划应当纳入城市规划,而不需要单独编制乡村规划。城市化区域的规划可以依据城市总体规划要求,需要保留乡村功能和形态的应当考虑城乡统筹规划,实质就是将城市公共设施、市政设施和公共服务向乡村延伸,实现以城带乡和城乡一体。城市化区域之外的村庄需要编制乡村规划。

13.2.3 乡村规划的组织编制与审批管理

13.2.3.1 乡村规划组织编制

乡村规划由乡镇政府组织编制,乡规划、村庄规划的编制内容应当包括规划区内的土地利用规划,公共服务设施的规划、基础设施的规划、防灾减灾及乡村容貌整治规划等必须遵循因地制宜、公民参与、节约用地、合理布局等原则。

13.2.3.2 乡村规划审批管理

乡村规划的审批主体是市、县政府城乡规划主管部门。审批的要求包括:编制过程的村民参与、规划方案的公示。

13.2.4 乡村规划管理的现状及存在的问题

13.2.4.1 乡村规划编制的问题

（1）农村的基础资料不健全,缺乏系统全面的规划数据与相关专项规划

在乡村,特别是偏远地区的乡村,规划基础资料欠缺,村中掌握的数据基本是村庄人

口、户数和基本经济技术指标,但与本村有关的专项规划及相关要求均不知晓,甚至连规划主管部门都没有与规划村落相关的专项规划的系统全面的数据,数据都分散在各职能部门之中。

这种状况给乡村规划造成了很大的难度,由于数据不完整,因此容易造成乡村规划编制的不尽完善。

(2)村庄规划在管理中失效

村庄规划在管理中失效的原因有:首先,村庄建设规划与土地利用规划不衔接——已经规划建设的用地不符合土地利用规划,符合土地利用规划的用地又与建设规划相冲突——导致规划失效;其次,村庄建设规划由政府与规划编制部门主导,未能反映村民意见,削弱了规划的权威性;再次,村庄规划缺乏必要的调整修改程序,未能根据变化及时调整;最后,由于经费不足,乡镇政府及规划编制部门对村庄规划不重视,导致村庄规划编制的随意性与不慎重,使村庄规划质量降低,指导性差。

(3)规划编制管理和审批着眼近期建设,忽视长远发展

规划评审以地方各职能部门为主导,更重视本部门在项目实施时的可操作性,因而在权衡现状保留和长远发展两者之间时更倾向前者。从政府各职能部门的角度来看,本部门的各项部署能否实现、领导的政绩能否突出、项目实施是否会遭遇强大阻挠是其关注的重点,所以评审时多注重近期实施性,对村落未来的可持续发展缺乏必要的远见。这就导致在乡村规划编制中,只重视近期的建设效果,而忽视农村的长期发展。

(4)规划编制仓促,规划成果缺乏特色

在国家政策的影响下,美丽乡村建设、新农村建设席卷全国。各地方由于需要编制规划的行政村数量较多,且规划编制费用较低,编制单位对于现场调研和规划设计安排上无法投入大量人力。这就导致了规划成果中对村落空间结构和公共场所的营造考虑不够,地区特色得不到充分发掘,规划缺乏特色。

13.2.4.2 乡村规划实施管理存在的问题

(1)管理任务重而力量弱

乡村与城市的一大区别是城市往往呈集聚发展态势,而乡村分布则呈现小、多、散的特征。乡村的规划实施管理存在两个特点:一是管理基数大,管理任务艰巨;二是管理人员力量薄弱,素质不高。基层管理人员和决策者对专业技术、法规不甚了解,而乡、村一级的规划管理力量更薄弱,致使规划执行难、监督难,进而导致这些地区的无序建设状况严重,不可避免地出现违法用地和违章建设活动。

(2)公众参与环节缺失

规划编制方面的公众参与日益增多,但规划实施管理方面的公众参与还不够健全。特别在乡村地区,公众参与相对薄弱,没有体现乡村地区"自下而上"的自治组织要求;而是采用"自上而下"的管理体制,规划管理决策取决于政府部门的领导意志,缺乏村民的有效参与,无法体现与满足村民的普遍性需求和愿望,也无法协调与平衡公共利益,违背了以人为本的规划设计原则。

(3)监督机制不足,各部门间联动机制有待提升

现在乡村仍然缺乏长期有效的监管方式。目前的监管主要是对建设项目进行即时性

的查处,一旦项目完工,监察随之结束,监督结束后的违章建设与查处不能保证。

乡村的建设管理涉及规划、国土、环保等多个部门。职能部门多但缺乏明确分工,管理很容易陷入真空地带,导致违法滋生,缺乏监管。

13.2.4.3 乡村规划管理的改进建议

(1) 通过宣传教育活动提高农民素质,加强基层管理组织的规划意识

乡村居民是规划实施的主体,在规划管理下进行实施建设,不仅是为国家发展,更是为自己子孙长远生存环境的改善做贡献。基层管理组织和参与编制乡村规划时,应做好农村居民的思想工作。

(2) 乡村规划应在近远期之间进行权衡,更需要偏重长远发展框架的建立

乡村规划具有深远的影响,如果地方政府仅仅将其作为一项政策性目的去应付执行,建成之后必将对长远利益造成损害,因此在近期建设和远期效益之间,应该更侧重建立长远发展。

(3) 建立层级问责

建立层级问责制度,确保规划贯彻落实,各级规划管理部门应该制订本部门目标,有计划地按照步骤严格实施。

(4) 规划思路由"自上而下"转为"上下结合"

我国乡村采用自治的管理组织形式,村集体的一切决策和管理均由全体村民共同决定,村民是乡村建设的主体;但在实际操作过程中,地方政府发布行政指令进行决策,规划师依据技术标准和规划方法进行方案编制,乡村建设的主体只是被告知、被要求、被接受。因此,必须转变这种"自上而下"的编制思路,坚持"上下结合"的乡村规划编制原则。在乡村规划的编制过程中强化村民的主体地位,政府的职能是协调和引导,而规划师更多的是担任村民与政府间沟通的桥梁,通过技术手段编制乡村规划。

(5) 健全体系,把控乡村规划管理的核心内容

首先,要明确管理范围。影响乡村建设规划许可范围的因素包括项目建设类型、土地属性以及规划区域范围。乡村规划管理范围必须综合考虑上述三种因素,同时结合上位法、现实操作和可实施性等因素。

其次,应该统一许可要件。目前,全国各地区的乡村建设规划许可申请条件尚无统一标准且界定模糊,影响规划许可执行的科学性和有效性。乡村建设规划许可要求的提出,要把握好乡村规划管理的尺度,在农事简办的基础上加强公建项目的管理。

13.3　我国各地对乡村"多规合一"的实践

13.3.1　"多规合一"的实践

13.3.1.1　"多规合一"的提出

目前,我国由政府出台的规划类型有 80 余种,其中法定规划有 20 余种,规划体系庞杂紊乱,呈现"各自为政""争当龙头"的局面,在规划编制和管理的过程中存在管理要求缺乏

协同、部门规划衔接困难和管理主体不清等问题。随着规划改革的深入发展,"底线式"的空间规划、"协同式"的管理机制和"留白式"的市场实施更加引人关注,多行业的规划整合工作势在必行。

2014年初,国务院正式颁发《国家新型城镇化规划(2014—2020年)》,明确指出"推动有条件的地区的经济社会发展总体规划、城市规划、土地利用规划等'多规合一'。"同年12月,国家发展和改革委员会、国土资源部、环境保护部、住房和城乡建设部等部委联合启动了市县规划"多规合一"试点工作,在《关于开展市县"多规合一"试点工作的通知(发改规划〔2014〕1971号)》中强调:开展市县空间规划改革试点,推动经济社会发展规划、城乡规划、土地利用规划、生态环境保护规划多规合一,形成一个市县一本规划、一张蓝图,是2014年中央全面深化改革工作中的一项重要任务。国家发展与改革委员会2014年发布的《国家发展改革委关于"十三五"市县经济社会发展规划改革创新的指导意见(发改规划〔2014〕2477号)》提出:"要按照主体功能区战略的要求,在国土空间分析评价基础上,以行政边界和自然边界相结合,将市县全域划分为城镇、农业、生态三类空间,通过三类空间的合理布局,形成统领市县发展全局的规划蓝图、布局总图。"

13.3.1.2 各地实践

近年来,我国上海、重庆、武汉、广州、厦门、河源、云浮等城市先后开展了"三规合一"、"多规合一"工作的实践,对"多规合一"的技术、方法制度与构架等开展了众多有益的探索,旨在研究解决多规并行带来的一系列问题。

云浮探索:第一,协调国民经济发展规划的"主体功能"和城乡规划的空间地位,协调国土规划的"刚性约束"和城乡规划的"弹性规划";第二,规划机构的调整,建设"数字云浮地理空间框架"。

广州探索:划定控制线、盘活存量低效用地。第一,科学划定五条控制线,包括建设用地规模控制线、建设用地增长边界控制线、产业区地块控制线、基本生态控制线、基本农田控制线。第二,盘活存量低效用地,摸清家底,加大对低效用地二次开发的盘活和管控力度,调出超过128 km²的建设用地,缓解建设用地不足的问题。

德清实践:划定底线、全域覆盖,明确县市域总体规划作为"多规合一"的规划平台,实现全域城乡高精度覆盖;搭建技术平台,衔接不同标准,统一发展共识,协同底线管控;加强图版对比,盘活存量资源。

13.3.2 "多规合一"的内涵

"多规"是指以城乡总体规划、土地利用总体规划和国民经济与社会发展规划为核心的规划体系,在必要时,还应涵盖生态环境保护规划、基础设施专项规划等其他相关规划。综合国内各地的实践来看,"多规合一"并不是重新编制一种新的"规划",也不会取代任何一个法定规划。因此,"多规合一"是协调和解决同一空间内多种规划并存所带来的冲突和矛盾,并统筹部署城乡空间资源的一种规划协调方法。

"多规合一"的本质应是一种规划协调工作而非一种独立的规划类型,是基于城乡空间布局的衔接与协调,是平衡社会利益分配、有效配置土地资源、促进土地节约集约利用和提高政府行政效能的有效手段。

13.3.3 "多规合一"的现状及问题

目前"多规合一"工作面临诸多难点,就我国各类规划体系看,"多规合一"缺乏独立的法理基础和技术规范,不具备法定规划特性。

13.3.3.1 多规差异的表象及其问题

（1）技术标准存在差异

① 规划期限不对应

国民经济与社会发展规划一般是5年,土地利用规划、城乡规划一般是15～20年,生态红线区域保护规划作为中长期规划,一般不明确规划年限,而环境保护一般为5年。

② 技术标准不一致

各类规划对禁建、限建的标准和管控手段存在明显差异。城乡规划从适宜城市建设的角度出发;土地利用规划从土地资源保护的角度出发。土地利用规划限制建设区内禁止城、镇、村建设,严格控制线性基础设施和独立建设项目用地,限制建设区管控严于城乡规划,其他管控区管控规则差异不大。

不同规划采用不同的技术标准,例如,土地利用规划采用西安80坐标系统,用地分类标准采用市县乡三级土地利用总体规划编制规程,土地性质包含3大类、10中类和29小类;城市规划采用地标坐标系统,用地分类标准采用《城市用地分类与规划建设用地标准》(GB 50137—2011),建设用地性质包含8大类、35中类和42小类。两者采用的技术标准的差异导致地理信息的整合缺少统一的平台和坐标系统以及统一的空间分类与管制标准,对同一空间要素产生多种数据表达形式和控制要求,各类规划难以协同管理,无法形成"一张图"。

（2）法理依据差异

不同的规划编制所依据的行政法理不同,导致现有各类规划的编制和实施自成体系。在政府各相关职能部门进行分权管理时,各类规划面临法律地位难以界定、法律基础平台缺失的客观约束条件,难以形成目标对象明晰的完整体系,影响规划实施的效能。

（3）管控不统一

土地利用规划中基本农田限建非禁建,可以置换(占补平衡),导致城市增长不断侵蚀周边农田;城市生态红线划定滞后,具体范围缺少实地测绘和实施机制;城乡规划"一书三证"制度对禁建区集体土地管控能力偏弱(表13-3-1)。

表13-3-1 相关规划管理控制情况

规划类型	主体功能区规划	城市总体规划		土地利用规划	生态环境功能区规划
四区名称	优化开发区域	已建区	已经建设区	允许建设区	优化准入区
	重点开发区域	适建区	适宜建设区	有条件建设区	重点准入区
	限制开发区域	限建区	限制建设区	限制建设区	限制准入区
	禁止开发区域	禁建区	禁止建设区	禁止建设区	禁止准入区
规划许可	开发	建设	建设	建设	排污

（4）审批和管理差异

由于各类规划在规划期限、实施计划、检测手段、监督方式、保障机制和实施力度等方面存在诸多差异,造成政府部门的空间管理目标多样、相互冲突,各类规划相互掣肘,无法对行政决策提供综合性的有力支撑,面临项目落地审批繁琐、管理效率低下的问题（表13-3-2）。

表13-3-2　相关部门管制规划内容表

	城规空间管制	土规空间管制	环保生态绿线	水利水系蓝线
管控内容不同	有条件建设问题	保耕地、控总量、分指标	生态廊道及斑块	河道及沟渠
管控界限不同	城乡建设用地	全域土地	生态用地	水体用地
管控手段不同	"一书三证"管建设	三线两界保资源	生态红线保本底	水系蓝线

13.3.3.2　新型城镇化背景下的多规协同

（1）从粗放扩张到空间管制和土地集约利用

在后备土地资源严重不足、日益稀缺的背景下,乡村规划应严格按照"严控增量、盘活存量"的思路,转变原来土地资源开发利用相对粗放的模式,走土地资源集约利用的道路,提高土地资源利用率,以推动经济发展再上新水平。

（2）从土地城镇化到人的城镇化,城镇化从数量型到质量型转变

人的城镇化是指在城镇化进程中人的生产方式和生活方式的转变,也就是安居乐业:经济发展为人们提供良好的工作机会,城镇为人们提供良好的生活条件。规划建设发展方向应该不以土地为中心而应以人为中心。当前阶段,我国城镇化正逐步走向新型城镇化阶段。随着信息化社会的到来,我国城镇化发展进入了从规模扩张到品质提升的转型时期,进入了由数量型向质量型转变的时期。

（3）从城乡二元到城乡一体,单向流出到双向对流

城乡一体化主要是针对我国城乡之间的户籍、劳动用工、社会福利、住房政策、教育政策以及土地使用制度等不同政策形成的城乡二元经济社会分割格局而提出来的。随着经济社会的发展需求,改革城乡之间政治、经济、社会发展的制度隔离,创建城乡之间政治、经济、社会运行的融合机制成为规划发展方向。政府致力改变农村单向流出的状态,逐渐将其变为双向对流,增强乡村与城市各方面的交流与融合。

（4）从政府主导、行政推动到多元参与、协商共治

传统的"政府—市场"二元框架忽略了乡村居民在乡村公共事务治理中的作用,政府应构建起对乡村事务治理的"政府、市场、公众"多元参与的分析框架,做到协商共治。

13.3.4　在乡村规划中的应用

13.3.4.1　乡村规划与土地利用规划相结合

规划者参考国土部门对土地利用进行的规划,明确基地的基本农田保护区、重要基础设施基地及其他需要严格控制的区域的边界、面积,确定耕地的保有量及建设用地的用地规模,再进行土地利用规划。

13.3.4.2 乡村规划与国民经济及社会发展规划相结合

政府和规划者依照国民经济与社会发展对项目基地的发展目标、发展重点的确定,来制定乡村规划中产业结构及产业发展规划;用乡村规划将国民经济与社会发展中需建设的重点项目清晰、明了地落实在图纸上。

例:平武县平通镇桅杆村规划及"幸福美丽新村"建设规划

国土部门制定的《平武县平通镇土地利用规划》对耕地、建设用地的面积做出了规定:

(1)严格保护耕地特别是基本农田,规划到2020年桅杆村耕地保有量不得低于80.14 hm²,规划期内基本农田保护面积不得低于78.80 hm²。

(2)严格控制建设用地规模,建设用地总规模规划到2020年控制在17.91 hm²以内(图13-3-1、图13-3-2、图13-3-3)。

图 13-3-1 平通镇土地利用规划
来源:平武县平通镇国土部门。

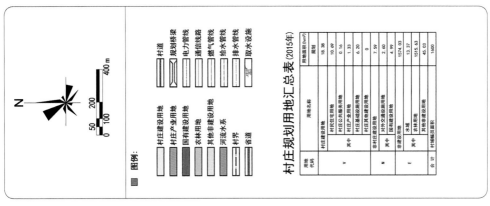

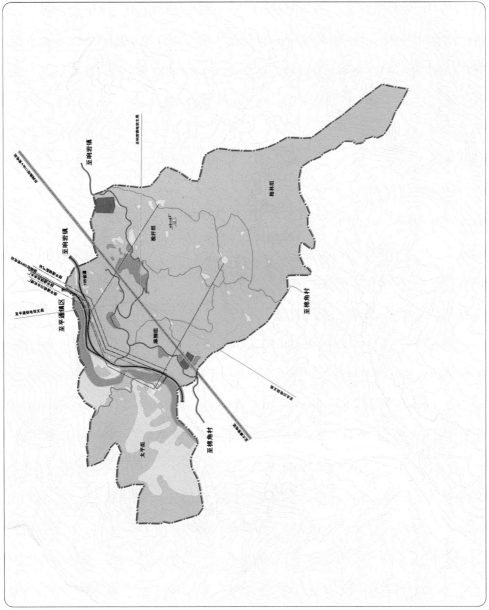

图 13-3-2　棺杆村土地利用规划图

来源：邱蝉，周子华．平武县平通镇棺杆村规划．四川众合规划设计有限公司，2015．

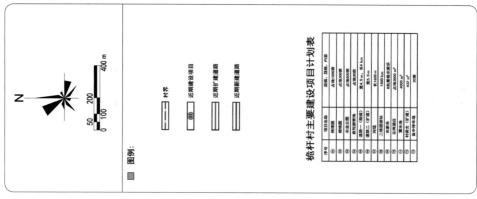

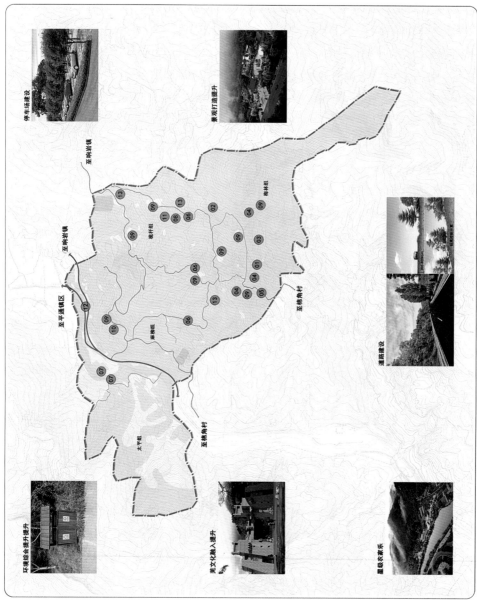

图 13-3-3　棆杆村近期建设规划图

来源:邱娴,周子华. 平武县平通镇棆杆村规划. 四川川众合规划设计有限公司,2015.

参考文献

一、文献资料

[1] 葛丹东.中国村庄规划的体系与模式[M].南京:东南大学出版社,2010.

[2] 艾大宾,马晓玲.中国乡村社会空间的形成与演化[J].人文地理,2004,19(5):55-59.

[3] 易鑫.德国的乡村规划及其法规建设——村镇工程基础设施建设检测关键技术研究[J].国际城市规划,2010,25(2):11-16.

[4] 周军.中国现代化进程中乡村文化的变迁及其建构问题研究[D].吉林:吉林大学,2006.

[5] 顾彬.浅谈城乡统筹发展视角下的"智慧乡村"建设[J].农村经济与科技,2012,23(6).

[6] 中华人民共和国住房与城乡建设部.海绵城市建设技术指南——低影响开发雨水系统构建(试行)发布实施[J].城市规划通讯,2014(21).

[7] 仇保兴.海绵城市(LID)的内涵、途径与展望[J].中国勘察设计,2015(7):30-41.

[8] 吴静,何必,李海涛.地理信息系统应用教程[M].北京:清华大学出版社,2011.

[9] 章莉莉,陈晓华,储金龙.我国乡村空间规划研究综述[J].池州学院学报,2010,24(6):61-67.

[10] 李京生.乡村空间的解读[R].中国城市规划网,2015.

[11] 陈小卉.当前我国乡村空间特性与重构要点[J].规划师,2007,23(8):79-82.

[12] 王秀兰,包玉海.土地利用动态变化研究方法探讨[J].地理科学进展,1999,18(1):81-87.

[13] 张占录,张正峰.土地利用规划学[M].北京:中国人民大学出版社,2006.

[14] 买买提祖农·克衣木,赛尔江·哈力克.新疆乡村空间重构的策略[R].新疆大学建筑工程学院,2012.

[15] 马世发,蔡玉梅,念沛豪,等.土地利用规划模型研究综述[J].中国土地科学,2014,28(3).

[16] 王向东,刘卫东.现代土地利用规划的理论演变[J].地理科学进展,2013,32(10):1490-1500.

[17] 安国辉.土地利用规划[M].北京:科学出版社,2008.

[18] 彭补拙.土地利用规划学[M].南京:东南大学出版社,2003.

[19] 王万茂.土地利用规划学[M].北京:中国大地出版社,2008.

[20] 蔡玉梅,郑振源,马彦琳.中国土地利用规划的理论和方法探讨[J].中国土地科

学,2005,19(5):31-35.

[21] 李乐,关小克,薛剑,等.我国土地利用规划存在的问题及建议[J].中国国土资源经济,2014(12):31-35.

[22] 刘杰,王恒伟,陈伟.市(地)级土地利用规划修编中的土地利用分区及空间管制研究——以安徽省蚌埠市为例[J].资源与产业,2012,14(4):122-127.

[23] 林坚,许超诣.土地发展权、空间管制与规划协同[J].城市规划,2014,38(1):26-34.

[24] 钟宝云.论城市化建设规划的空间管制[J].曲靖师范学院学报,2010(4).

[25] 周杰.绵阳市新村规划导则[S].绵阳:绵阳市规划局,2012.

[26] 白日飞.农村公路建设对区域经济发展的影响研究[J].交通世界(工程·技术),2014(12).

[27] 刘迪,郭国成.浅谈农村公路建设对地方经济的带动与发展[J].经济视野,2013(7).

[28] 张楠.美丽乡村建设中道路规划设计浅析[J].科技展望,2015(6):50.

[29] 黄桂林,戴林梅.村镇道路系统规划研究[J].经济师,2014(1):15-16.

[30] 金兆森,陆伟刚,等.村镇规划[M].3版.南京:东南大学出版社,2010.

[31] 郭瑞军,王晚香.农村道路交通规划方法浅析[J].北方交通,2007(4):72-75.

[32] 成都市规划局.成都市镇(乡)及村庄规划技术导则[S].成都:成都市规划局,2015.

[33] 《村庄整治技术规范》8月1日起施行[J].领导决策信息,2008(29):22.

[34] 张俊杰.村庄道路系统规划指标体系在新农村建设中的应用[J].华中科技大学学报(城市科学版),2010,27(1):51-54.

[35] 辛国树,陈倬,陈剑威,等.对《道路交通标志和标线》(GB 5768—1999)的认识与探索[J].交通运输研究,2008(20):24-28.

[36] 杨建敏,马晓萱,谢水木.乡村地区实现城乡公共服务设施均等化的途径解析[C].城乡治理与规划改革——2014中国规划年会论文集,2014.

[37] 中国(海南)改革发展研究院.基本公共服务与中国人类发展[M].北京:中国经济出版社,2008.

[38] 金兆森,陆伟刚,等.村镇规划[M].南京:东南大学出版社,2010.

[39] 倪嵩卉,李国庆,倪嵩.城乡统筹下农村公共服务设施规划的思考[J].小城镇建设,2011(12):84-86.

[40] 张杰.村镇社区规划与设计[M].北京:中国农业科学技术出版社,2007.

[41] 候卉,刘兆华.我国农村产业结构调整中的现存问题及对策[J].东北大学学报(社会科学版),2001,3(3):195-197.

[42] 彭建,景娟,吴健生,等.乡村产业结构评价——以云南省永胜县为例[J].长江流域资源与环境,2005,14(4):413.

[43] 浙江省质量技术监督局.DB33/T 912—2014 美丽乡村建设规范[S].浙江省质量技术监督局,2014.

[44] 吴志强,李德华,等.城市规划原理[M].4版.北京:中国建筑工业出版社,2010.

[45] 吕博,惠博.乡村建筑发展观[J].工业C,2015(5).